JN100298

自動車用エンジンの冷却技術

橋本武夫

グランプリ出版

はじめに

　今や自動車は全世界に普及しており、さまざまな使われ方をしている。一方、社会からの要請に基づき、排気規制、安全規制、騒音規制等が各国で実施され、規制値はますます厳しくなる傾向にある。また、燃費向上競争も激しくなっている。各自動車メーカは、エンジン・車体構造の改善、新システム（ハイブリッド車等）の開発等で対応しているが、これらの適合技術開発の中に、従来の冷却システムの改善、また新冷却システムの開発も含まれる。

　すなわち、どんなにエンジンの改善が進んでも、新システムが採用されても、エンジンを適温に保ち、支障が出ない冷却システムが要求されるということである。さらに、冷却システムについて言えば、外気温－40～＋55℃、湿度10～90％、高度海抜０ｍ以下～4500ｍといった全世界の環境条件、また、高速走行、登坂走行、渋滞走行等の実にさまざまな条件においても、エンジンを適温に保つことが要求される。

　しかし、自動車のスタイル、エンジンの性能や構造、排気性能、騒音、足回り、駆動系等は話題性も高く、注目され、特にエンジンに関わる専門書あるいは資料は比較的多く出版されているが、冷却性能に関する専門書あるいは資料は少ない。

　そこで自動車用エンジンの冷却性能に絞って、やさしく書いてみたのが本書である。まず、非常に多岐にわたる自動車用エンジンを冷却する要因をわかりやすく図に示したが、その中で主なものについて実例を示しながら説明している。全般に数式をあまり使わず説明を主としているので、専門の人達は物足りなさを感じると思うが、幅広い人達に理解してもらうため、この手法を採用した。

本書は『自動車用エンジンの冷却工学』として2007年に山海堂より刊行されたものに、いわゆる電動車の冷却対策と、筆者の実務経験にもとづくオーバヒート対策を中心に加筆し、一部修正を実施したものである。データを基に解説した書は少ないと思われるので、本書が、多くの人たちにとって、冷却性能についてさらに深く理解するための足がかりになれば幸いである。なお、本書で用いたデータは、自動車用エンジンの冷却性能の概要をわかりやすく解説するために例示したものであり、その概要の本質は変わらないことから、変更を加えずにそのまま掲載している。

　本書を執筆するにあたり、特に電動車について広範囲に御指導、助言を頂いた峯岸技術士事務所代表の峯岸俊行氏および、グランプリ出版社長の山田国光氏に深く感謝したします。

橋本　武夫

目　　次

序　論

　冷却性能とは、冷却水をウォータポンプによりエンジンに送り、そこで熱を吸収し、ラジエータで冷却するにあたり、冷却しすぎないように、サーモスタットでラジエータに冷却水を送る量を調整する等して、常にエンジンを適温に保つ性能を言う。この冷却性能に関する要素は多岐にわたるが、それを大別すると、①エンジンの熱発生源、②冷やす部分（冷却メカニズム）、③熱発生源に影響する要素となる。これを冷却性能要因図で表してみたので、参照してもらいたい。

　①エンジンの熱発生源では、冷却水放熱量、潤滑油放熱量に分け、そのそれぞれに影響する要因を記載した。それぞれ冷却機能を持つ冷却水と潤滑油の温度を上げる要因となっているもの、という意味である。

　②冷やす部分（冷却メカニズム）では、エンジンで発生した熱を冷やす冷却系部品（ウォータポンプ、冷却ファン、ラジエータ、サーモスタット）および通気率に影響する要因を記載した。

　③熱発生源に影響する要素では、冷却水への放熱をさらに増大させる要因を車両諸元と使用環境条件に分けて記載してあるが、これはいわば冷却水放熱量を増大させる外的要因とも言えるものである。

　このように、カテゴリ毎に分類して示したものが冷却性能要因図である。冷却性能は各要因が影響しあって決まってくるものではあるが、各要因の特性を知ることは大切なことである。本書では、主に単体特性を主眼

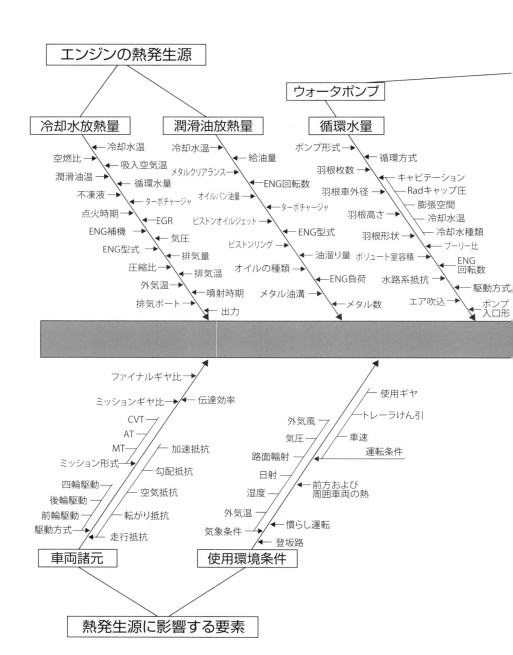

エンジンの熱発生源

ウォータポンプ

冷却水放熱量

冷却水温
空燃比 → ← 吸入空気温
潤滑油温 → ← 循環水量
不凍液 → ← ターボチャージャ
点火時期 → ← EGR
ENG補機 → ← 気圧
ENG型式 → ← 排気量
圧縮比 → ← 排気温
外気温 → ← 噴射時期
排気ポート → ← 出力

潤滑油放熱量

冷却水温
メタルクリアランス → ← 給油量
← ENG回転数
オイルパン油量
← ターボチャージャ
ピストンオイルジェット
← ENG型式
ピストンリング →
← 油溜り量
オイルの種類 → ← ENG負荷
メタル油溝 → ← メタル数

循環水量

ポンプ形式
羽根枚数 → ← 循環方式
羽根車外径 → ← キャビテーション
← Radキャップ圧
羽根高さ → ← 膨張空間
羽根形状 → ← 冷却水温
← 冷却水種類
ボリュート室容積 → ← プーリー比
ENG
回転数
水路系抵抗 → ← 駆動方式
エア吹込 → ← ポンプ
入口形

ファイナルギヤ比
ミッションギヤ比 → ← 伝達効率
CVT
AT
MT
ミッション形式 →
加速抵抗
勾配抵抗
四輪駆動
後輪駆動
空気抵抗
前輪駆動
転がり抵抗
駆動方式 →
走行抵抗

使用ギヤ
外気風 → ← トレーラけん引
気圧 → ← 車速
路面輻射 → 運転条件
日射
前方および
周囲車両の熱
湿度
外気温 →
気象条件 → ← 慣らし運転
← 登坂路

車両諸元

使用環境条件

熱発生源に影響する要素

冷却性能要因図

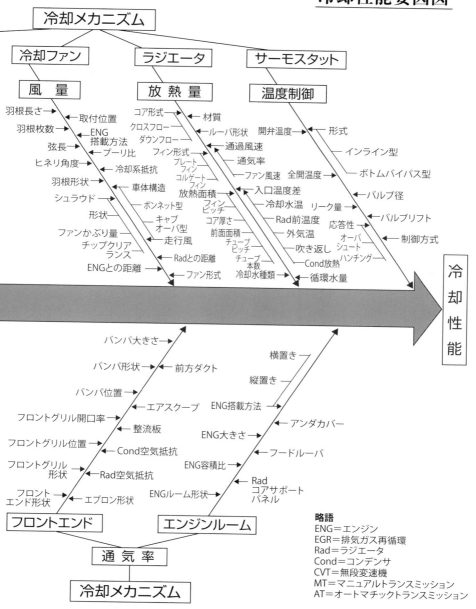

略語
ENG＝エンジン
EGR＝排気ガス再循環
Rad＝ラジエータ
Cond＝コンデンサ
CVT＝無段変速機
MT＝マニュアルトランスミッション
AT＝オートマチックトランスミッション

において述べているが、その特性が冷却性能に与える影響にも触れている。

　この冷却性能要因図については、各要因すべてについて説明するのがベストではあるが、実際には明確に各要因すべての具体的な特性がわかっているわけではなく、本書では、有意な影響の大きい要因について説明してある。それでも冷却性能を理解するのに大きな支障にはならないと判断している。

　また、本書ではガソリンエンジンの冷却に関することを述べているが、地球温暖化対策として温室効果ガスの排出量を実質ゼロにすることが世界各国で決定され、ガソリンエンジン、ディーゼルエンジン搭載車の販売を禁止され、代わって電気自動車（EV）、燃料電池車（FCV）等に移行することが決定した。ハイブリッド車、プラグインハイブリッド車、e-Power車等については明確になっていない。

　これらの車両についても動力源を冷却する必要があり、そのための評価法、実験法は共通しており、本書が少しでも役に立てば幸いである。

第 1 章
エンジンの熱発生源

　自動車用エンジンは、供給された燃料を燃焼室内で燃焼させ、その熱エネルギーを機械エネルギーに変換するものである。しかし、発生した熱エネルギーがすべて機械エネルギーに変わるものではなく、機械エネルギーになるのは、条件にもよるが約25〜30％程度（**図1-1**、ディーゼルエンジンは圧縮比が高く熱効率が良いので最大40％程度になるものもある）である。しかし、リーンバーンエンジンあるいは成層燃焼エンジンでは30％を超えるものもある。

　冷却系に放熱される熱量（冷却損失）は10〜40％、排気ガス損失は30〜35％、輻射熱損失は7〜10％である。このように、供給された熱エネルギーに対する、消費されるエネルギーの割合を熱勘定という。一見、冷却損失（冷却水へ放熱される量）は無駄のように思えるが、シリンダ、ピストン、メタル、バルブ等を一定温度以下に保つ必要性から、また、潤滑油（エンジンオイル）を適温に保つためには決して無駄ではない。

　エンジンを適温に保つためには、冷却系へ放熱された熱量を冷却しなければならないが、冷却方法には空冷式と水冷式がある。

　空冷式は、シリンダヘッドやシリンダライナに冷却効果を上げるための冷却フィンを設け、送風機あるいは走行風によって冷却を行うものであるが、多気筒エンジンでは全体に冷却風を均一に送風するのがむずかしく、温度分布が大きくなりやすい。また、燃焼音やピストン摺動音等が冷却

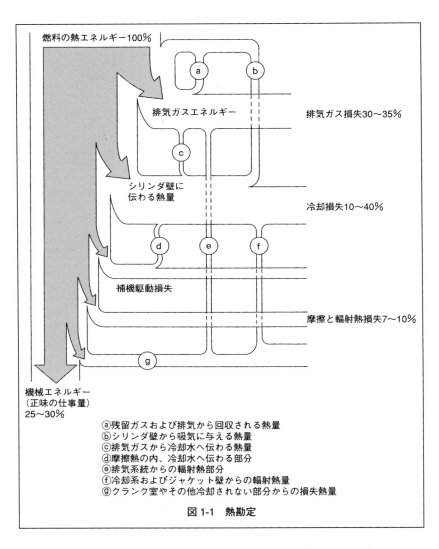

図 1-1　熱勘定

フィンを通して直接外部に放出される。一方、送風機（遠心式ファンが多い）の音も大きいので騒音問題でも不利であり、現在では２輪車の一部にのみ使用されている。

　これに対して水冷式は、シリンダヘッド、シリンダライナの周りが冷却

水で満たされ、またシリンダブロック等が2重構造になっているため、燃焼音、摺動音が外部に出にくく、空冷式より騒音面で有利である。また、温度管理がやりやすいこともあり、現在では水冷式が主流になっているので、本書では、水冷式の冷却について述べていく。

冷却性能に直接影響するのは冷却損失である。冷却損失がわかれば冷却水へ放熱する量（冷却水放熱量）を算出できる。

$$Q_E = W_F \cdot \gamma_F \cdot H' \cdot \eta_W \quad \cdots\cdots\cdots\cdots\cdots\cdots\cdots\cdots\cdots\cdots\cdots\cdots\cdots\cdots 1\text{-}1式$$

Q_E：エンジン冷却水放熱量〔kW〕

W_F：燃料流量〔ℓ/h〕

γ_F：燃料の比重〔kg/ℓ〕

H'：燃料の低位発熱量〔kWh/kg〕

　　ガソリン12.6〔kWh/kg〕

　　軽　　油12.2〔kWh/kg〕

η_W：冷却損失〔%〕

1.1　冷却水放熱量（冷却水に放出される熱量）

冷却水放熱量は、エンジンが冷却水へ放出する熱量であり、これを放置するとエンジンが焼き付いたりするので、ある程度は冷却しなければならない。ここでは冷却水放熱量に影響する主な要因について記す。

1.1.1　冷却水温の影響

冷却水放熱量は、**図1-2**にその一例を示すように、冷却水温（水温）に対して直線的に変化している。これは、シリンダヘッド、シリンダブロックの温度と水温の差に冷却水放熱量が比例することを示している。

エンジンによって水温に対する放熱量の勾配が異なるのは、シリンダヘッド、シリンダブロックの表面積や、排気ポート形状およびウォータ

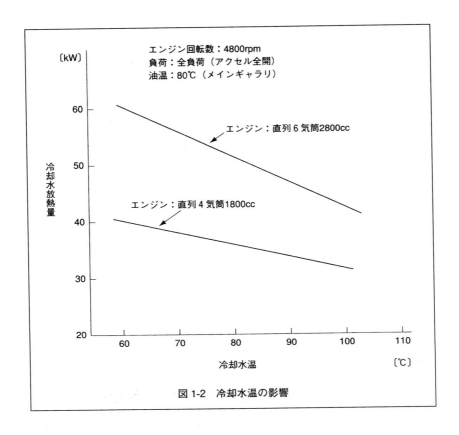

図 1-2　冷却水温の影響

ジャケットの構造の違いによるものと思われる。**図1-2**からわかるように、水温が高いほど、冷却水放熱量が減少している。したがって、常用水温を高くすれば熱効率が良くなって燃料消費量も減少するとともに、冷却系も小型化でき、一石二鳥である。

　しかし、水温を高くすればノッキングが発生しやすく、潤滑油温も高くなってエンジン焼き付きの原因になる可能性もあり、油の劣化も増長させる。また、エンジンルーム内の温度が高くなり、特にゴム部品の耐久性にも影響する。したがって現状では、水温はあまり高くしていない（80〜100℃が適温）が、常用水温を高くする努力は必要である。

1.1.2 空燃比（混合比）の影響

空燃比（空気と燃料の比。混合比ともいう）は、一般に空気と燃料との重量比で表わす。

$$空燃比 = \frac{吸入空気量〔g〕}{燃料消費量〔g〕}$$

図1-3に、空燃比を変えた場合の冷却水放熱量の例を示す。

ガソリンエンジンで実際に点火可能な空燃比の範囲は、8〜20とされている。このうち、最も出力が出る最大出力空燃比は12.5〜13程度、最も経済的な最良燃費空燃比は15〜15.5程度である。

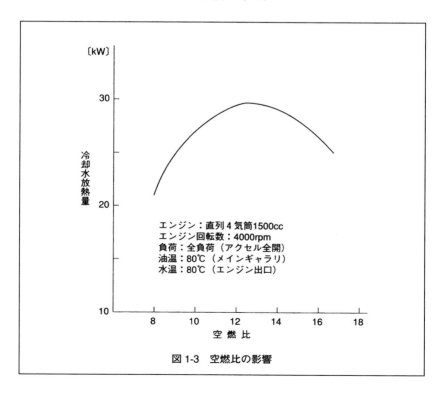

図1-3　空燃比の影響

最大冷却水放熱量は、最大出力空燃比付近にあり、過濃空燃比域では、酸素不足による不完全燃焼および燃料冷却により、また希薄空燃比域では空気過剰によるガスの熱容量増大により、平均燃焼ガス温度が低下してそれぞれ冷却水放熱量は低下する。

1.1.3　吸入空気温の影響

　吸入空気温が変化するとシリンダ内のガス温が変わるため、冷却水放熱量も変化する。その例を**図1-4**に示す。図は軸平均有効圧（BMEP）、混合気流量を一定にして吸入空気温だけを変えた場合であり、吸入空気温の上昇と共に冷却水放熱量も増加しているが、その影響はそれほど大きいとは言えない。

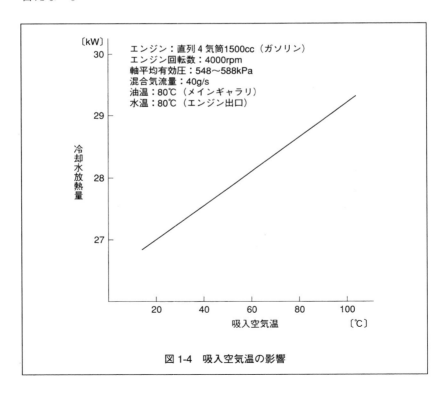

図 1-4　吸入空気温の影響

しかし、実際には、軸トルク一定の場合、例えば130km/hで平坦路を走行中に吸入空気温が上昇すると、混合気流量が減少して軸トルクが低下し、130km/hを維持できなくなる。そこでアクセルを踏みこみ、混合気流量を増加させて軸トルクを一定にしようとするため、冷却水放熱量は増大する（**図1-5**）。このように吸入空気温の影響は大きいので、極力低くする必要がある。このため、外気導入型ダクトを採用して吸入空気温を低くするようにしている車両が多い。

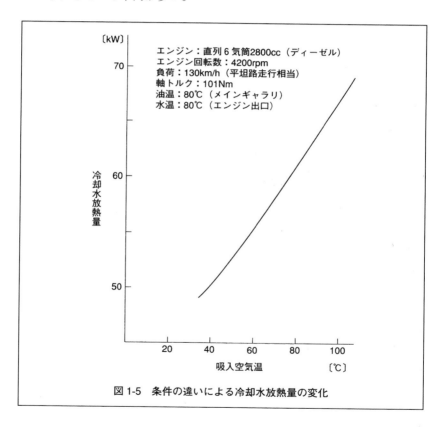

図 1-5　条件の違いによる冷却水放熱量の変化

1.1.4　潤滑油温の影響

　潤滑油（エンジンオイル）は、オイルポンプにより、オイルサンプから
メインギャラリへ送られ、分岐してクランク軸受、ライナ摺動部へ、他は
シリンダヘッドからバルブ、カム等へ送られるが、それらの壁を介して冷
却水へ熱の授受が行われる。その量は、冷却水温と潤滑油温（油温）に
よって左右される。油温と冷却水放熱量の関係の一例を**図1-6**に示す。
　冷却水放熱量は、油温に対して直線的に増加するが、そのグラフの勾配
はエンジンの油路と水路の関係、メタルクリアランス等によって変わると
みられる。

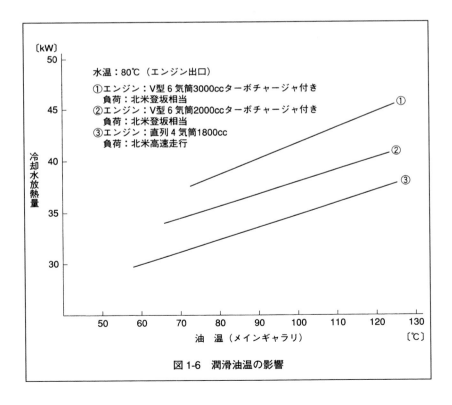

図 1-6　潤滑油温の影響

図1-6はオイルクーラを冷却水路系とは別の水路に入れ、油温をコントロールして実験した結果である。車両の場合、エンジンオイルクーラを使用しなければ、この図から放熱量を求められるが、水冷式オイルクーラを使用していれば、オイルクーラで受熱した熱量を加えたものが、冷却水放熱量である。ただし、空冷式オイルクーラを使用した場合は、油温が低下しただけ冷却水放熱量は減少して、水温は低下する。

1.1.5　循環水量の影響

　循環水量に対する冷却水放熱量の増加率を、循環水量20ℓ/minを基準にして示したのが**図1-7**である。

　循環水量が増加すれば冷却水放熱量も増加する。20ℓ/minを基準とした場合、120ℓ/minでは1.13倍に増加する。これは、循環水量が増せば

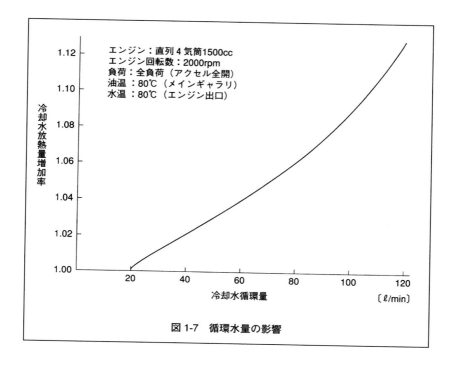

エンジン：直列4気筒1500cc
エンジン回転数：2000rpm
負荷：全負荷（アクセル全開）
油温：80℃（メインギャラリ）
水温：80℃（エンジン出口）

図 1-7　循環水量の影響

ウォータジャケット内の乱流が大きくなるため、熱伝達量が増加するためである。

　一方、循環水量を増加させると、**図1-8**に示すように、ラジエータ放熱量増加率も大きくなる。エンジンの放熱量増加率よりラジエータの放熱量増加率の方が圧倒的に大きく、循環水量増加は水温低下に有効な手段である。

1.1.6　不凍液の影響

　現在、冷却水の凍結防止用に使用されている不凍液はエチレングリコール系であり、清水に比べて比熱が小さいため、放熱量への影響が大きい。**図1-9**に不凍液濃度（エチレングリコール濃度）の影響の一例を、**図1-10**

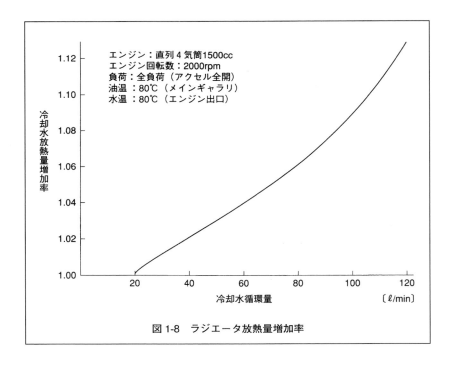

エンジン：直列4気筒1500cc
エンジン回転数：2000rpm
負荷　：全負荷（アクセル全開）
油温　：80℃（メインギャラリ）
水温　：80℃（エンジン出口）

冷却水放熱量増加率

冷却水循環量　〔ℓ/min〕

図 1-8　ラジエータ放熱量増加率

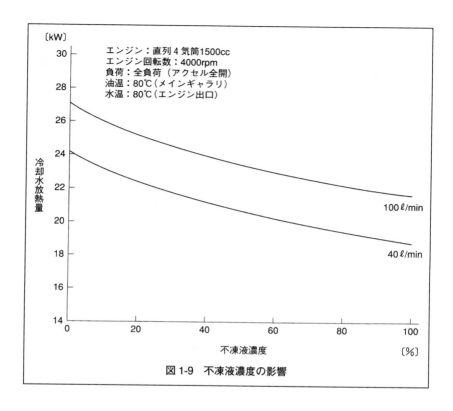

〔kW〕

エンジン：直列 4 気筒1500cc
エンジン回転数：4000rpm
負荷：全負荷（アクセル全開）
油温：80℃（メインギャラリ）
水温：80℃（エンジン出口）

冷却水放熱量

100 ℓ/min

40 ℓ/min

不凍液濃度

〔％〕

図 1-9　不凍液濃度の影響

に物性値を示す。一般に使用されている濃度は30～50％（容積比）であるが、清水（0％）の放熱量を100とした場合、30％濃度では約90％、50％濃度では約87％であり、これはエチレングリコールの比熱の減少率と同じである。

　一方、ラジエータの放熱量も不凍液濃度の影響を受ける。その一例を**図1-11**に示す。30％濃度では清水の91％、50％濃度では88％で、やはりエチレングリコールの比熱の減少率とほぼ一致している。したがって車両に不凍液を使用した場合、エンジンとラジエータの放熱量が相殺して、清水と変わらないことになる。しかし、実際に車両でテストした結果、不凍液の方が約２℃程度高くなった例がある。

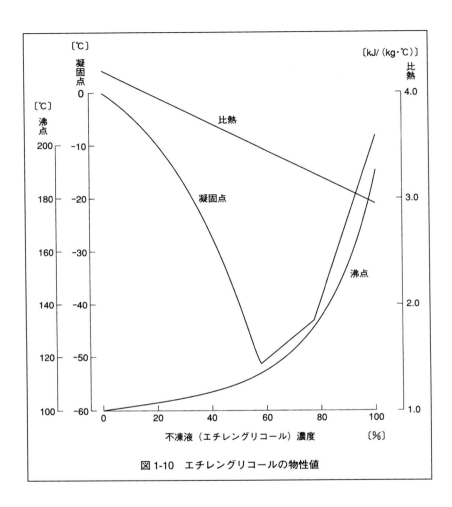

図1-10　エチレングリコールの物性値

1.1.7　ターボチャージャの影響

　エンジンの最大出力は、単位時間に燃焼に消費される空気量が増大すれ
ば、それに比例して増大する。ターボチャージャは排気ガスを利用して
タービンを回し、タービンに直結された圧縮機で空気または混合気を燃焼
室内に押し込むものである（過給）。

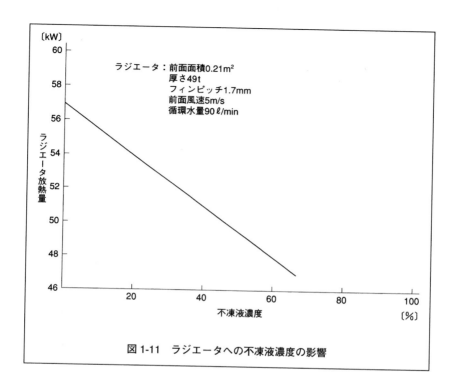

図 1-11　ラジエータへの不凍液濃度の影響

　一般的に過給すると、ガソリンエンジンの場合、最大爆発圧力が非常に高くなり、機械的負荷、熱負荷が増大する。また、過給すると吸気温が上昇し、燃焼室内の有効圧縮比が高くなってノッキングが発生しやすくなる。この対策として過給圧制御、点火時期を遅らせる、圧縮比を下げる、混合比を濃くする、等がある。過給圧制御は通常行ってはいるが、ある圧力以下にするのは、出力との兼ね合いから限界がある。最も有効なのは、点火時期をノッキング限界ギリギリまで遅らせることである。このようなことから、ターボチャージャを装備すると冷却水放熱量は大きくなる。その一例を**図1-12**に示す。

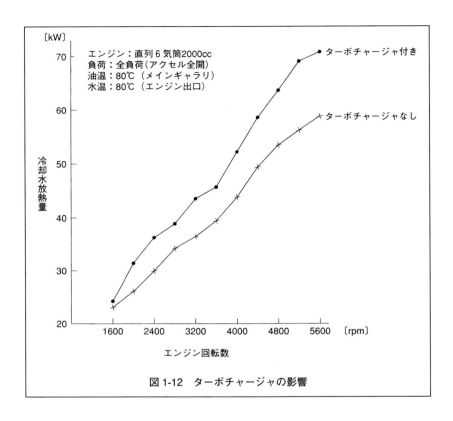

図 1-12　ターボチャージャの影響

1.1.8　点火時期の影響

　点火時期の影響の一例を**図1-13**に示す。熱効率が最良となる点火時期（MBT：Minimum Advance for Best Torque）で、冷却水放熱量は最小となる。それより早くなっても、遅くなっても放熱量は増大する。点火時期が早いと燃焼最高圧力が高く有効平均ガス温が高くなるのと、軸トルクが低下してアクセルを踏みこむことになるため、放熱量が増加する。また、点火時期が遅いと燃焼温度、圧力が下がってやはり軸トルクが低下し、アクセルを踏みこむために冷却水放熱量は増加する。

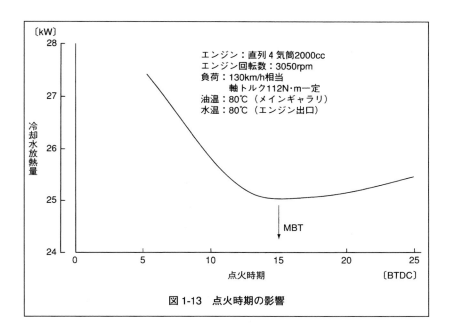

〔kW〕

エンジン：直列4気筒2000cc
エンジン回転数：3050rpm
負荷：130km/h相当
　　　軸トルク112N・m一定
油温：80℃（メインギャラリ）
水温：80℃（エンジン出口）

冷却水放熱量

MBT

点火時期　　　　　　　　　〔BTDC〕

図 1-13　点火時期の影響

1.1.9　EGR還流率の影響

EGR（Exhaust Gas Recirculation：排気ガス再循環）は、排気ガス中の NOx（窒素酸化物）を減少させるために、燃焼ガス最高温度を下げる手段として排気ガスの一部を吸入管に入れ、不活性ガスの割合を増加させるものである。

適量のEGRはポンプ損失の低減、燃焼ガス温度の低下による冷却損失の減少等のプラス面があり、結果的には冷却水放熱量の減少、燃費の向上に寄与する。**図1-14**にEGR還流率と冷却水放熱量の関係の一例を示したが、影響はそれほど大きくない。

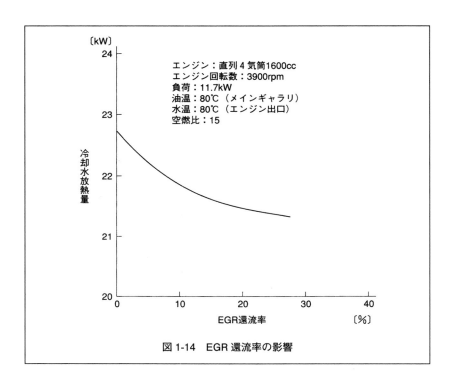

図 1-14　EGR 還流率の影響

1.1.10　エンジン補機の影響

　冷却水放熱量に影響するエンジン補機には、エアコンディショナのコンプレッサ（以下クーラコンプレッサ）、パワーステアリング、冷却ファンなどがあり、その駆動馬力が影響する。また、エンジン補機とは言えないが、自動変速機のオイルクーラもここに入れた。

（1）クーラコンプレッサ

　クーラ系（エアコンディショナ系）では、コンプレッサの駆動馬力とコンデンサ（凝縮器）の空気抵抗および放熱によるラジエータ前面空気温の上昇が水温に影響する。ここでは、コンプレッサの駆動馬力の影響について触れる。コンプレッサの駆動馬力は、冷媒高圧側圧力（P_d）と低圧側圧

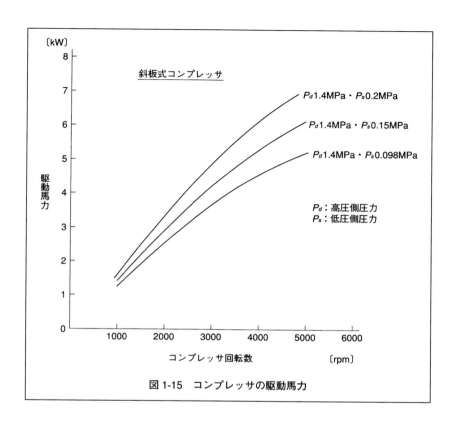

図 1-15　コンプレッサの駆動馬力

力（P_s）および回転数で決まる。その一例を**図1-15**に示す。

　図1-15の例から、直列4気筒1800ccエンジン搭載車両の、平坦路130km/h走行時の水温上昇を推定する。仮に、P_d14MPa、P_s0.2MPa、コンプレッサ回転数3900rpm（エンジン回転数4650rpm）の場合、駆動馬力は5.9kWであり、走行必要馬力の11％に相当する。これによる冷却水放熱量の増加は4.5％であり、水温にして約3℃上昇する。クーラ系としては、このほかコンデンサの空気抵抗分で3～5℃、コンデンサの放熱によるラジエータ前面空気温上昇分で4～6℃上昇するため、クーラ系全体では10～14℃上昇する（コンデンサについては別途説明する）。

(2) パワーステアリング

　パワーステアリングの駆動トルクは、直進、走行時で0.98〜2.9Nm程度である（車載ライン圧・油温55℃、回転数にあまり影響されない）。これは、直列4気筒1800ccエンジン搭載乗用車の登坂および平坦路130km/h走行中のエンジントルクの1〜2％に相当し、その影響により冷却水放熱量は２％前後増加し、冷却水温は1℃前後上昇するが、あまり影響はないと言える。

(3) エンジン冷却ファン

　最近ではエンジン駆動ファンは少なくなり、電動ファンが主流である。エンジン駆動ファンは、温度感知式フルードカップリングに取り付けられており、使用最高回転数は2000〜3000rpmである。一例として410φ×8枚ファン、3000rpmの場合、その駆動馬力は2.2kW（**図1-16**参照）である。これによる水温上昇は１〜２℃程度である。電動ファンは150〜300Wの出力であり、発電機にかかる負荷は大きなものではなく、水温への影響はほとんどない。

(4) オートマチックトランスミッション（AT）のオイルクーラ

　ATのオイルクーラはほとんど水冷式で、一般に、ラジエータロアタンクに内蔵されている。そのため、オイルクーラがオイルを冷却するとラジエータ内の冷却水へ放熱する。

　オイルクーラが冷却水へ放熱する量は、オイルクーラ入口のオイル温度、水温、オイル循環量、冷却水循環水量やオイルクーラの大きさで決まる。真夏の外気温での、登坂走行、平坦路130km/h走行でのオイルクーラの放熱量は、おおむね1.5〜2.2kWであり、これによる水温上昇は２〜５℃程度である。

1.1.11　エンジン表面からの対流放熱量について

　エンジン表面から放熱される対流放熱は、エンジンの冷却水循環量、エンジンルーム内空気温、エンジンルーム内風速によって左右される。

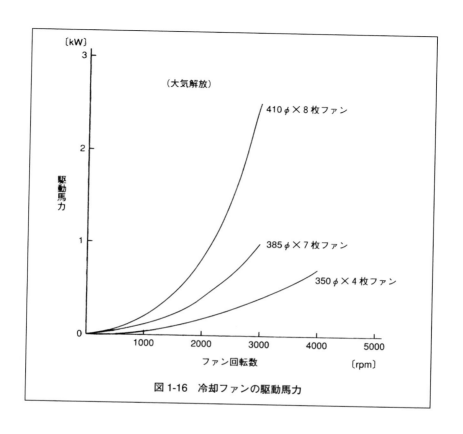

〔kW〕

（大気解放）

410φ×8枚ファン

385φ×7枚ファン

350φ×4枚ファン

駆動馬力

ファン回転数　　　　　〔rpm〕

図1-16　冷却ファンの駆動馬力

　直列4気筒1500ccエンジン搭載車の対流放熱量を例にとると、エンジ
ンルーム内風速0m/s、循環水量0、水温85℃の場合だと対流放熱量は
0.4kWであり、無視できるが、車速30〜60km/hでは1.5〜2.6kWにもなる。
さらにこの結果から、100km/h走行中の対流放熱量を推定すると4kW
になる。上記エンジンの水温が85℃の場合、エンジンの冷却水放熱量は
31kWなので、ラジエータ放熱量＋対流放熱量が31kWになった時、水温
は85℃で一定となる。この場合、対流放熱量の割合は13％（外気温9℃）
にもなる。
　実際の車両ではラジエータも装備しており、外気温が35℃になるとエン

ジンルーム内空気温も高くなって対流放熱量は減少するので、ある程度考慮する必要があると思われる。ただし、エンジン駆動ファンエンジンでは、暖気運転中にファンが回転して風をエンジンに当てているのでエンジン表面からの放熱があり、暖機時間が長くなる傾向がある。

1.1.12 油水温と冷却水放熱量の関係

水温と潤滑油温（油温）に対する冷却水放熱量線図を示す。**図1-17**において、水温より油温が低い場合、熱の流れは水から油へ、油温が高ければ油から水になる。

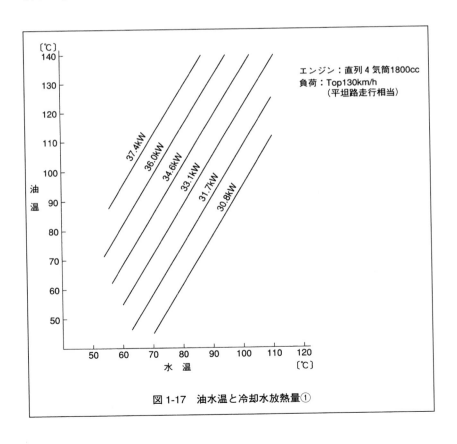

図 1-17　油水温と冷却水放熱量①

1.1.13　冷却水放熱量試験方法

（1）最も簡単な方法

　最も簡単な方法を**図1-18**に示す。水タンクへの給水量を調整し、水温を任意の水温で平衡させ、その時のエンジン出入口水温（Tw_2、Tw_1）、冷却水循環水量を流量計（タービン式、ベンチュリー管など）で測定し下記式にて計算する。潤滑油温度はオイルクーラにて一定温度に保持する。

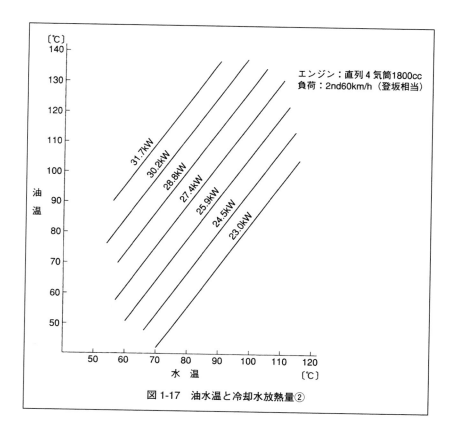

図 1-17　油水温と冷却水放熱量②

$$Q_E = G_W \cdot C_P \cdot (T_{W2} - T_{W1}) \cdots\cdots\cdots\cdots\cdots\cdots\cdots\cdots\cdots\cdots 1\text{-}2式$$

Q_E：エンジン冷却水放熱量〔kW〕

G_W：循環水量〔kg/h〕

C_P ：水の比熱〔J/(kg℃)〕

T_{W1}：エンジン入口水温〔℃〕

T_{W2}：エンジン出口水温〔℃〕

　図1-18の場合、循環水量が多く、またT_{W2}-T_{W1}が4～10℃と小さいため、水温を正確に計測しないと誤差が大きくなる。例えば循環水量100ℓ/minで温度差5℃の時、もし0.5℃の誤差があると、放熱量では10%の誤差になる。

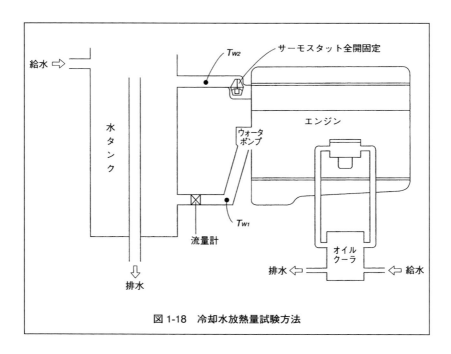

図 1-18　冷却水放熱量試験方法

(2) リカルド法その１

図1-19は、リカルド法と言われるものの中の簡易方法である。エンジンの入口と出口を断熱材を巻いたパイプで短絡し、出口側にオーバフローパイプを、入口側に給水パイプ（コックで流量を調整できるようにする）を設けたものである。

測定は、エンジン出口水温Tw_2をある温度で平衡させるために、給水した量（＝オーバフロー量）を容積法または重量法で測定し、その時の給水温度Tw_1とエンジン出口水温Tw_2から1-2式で算出する。この方法では、給水量（オーバフロー量）の測定が容易で精度が良く、Tw_2-Tw_1も大きくとれるので（60℃前後）精度が向上する。

この方法で車載状態のエンジン冷却水放熱量も測定できるが、水路系が大気開放のため、水温80〜85℃ぐらいまでしか測定できない。また、オー

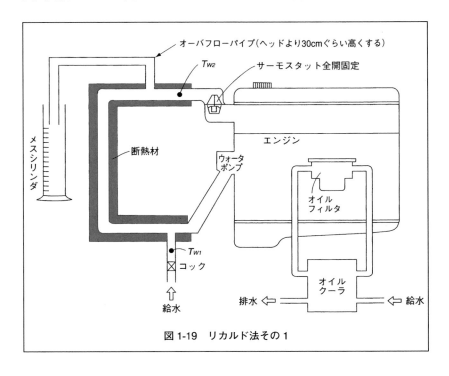

図 1-19　リカルド法その１

バフロー分の水が垂れ流しのため、不凍液は使用できない。

　この欠点を補ったのが次に示す加圧型リカルド法であり、水温110℃程度までは測定可能である。また不凍液での測定も可能である。

（3）リカルド法その２（加圧型）

　図1-20のように、断熱された水タンクの中に熱交換器を入れ、これにエンジン冷却水を流し、エンジン出口水温Tw_3が設定した温度で平衡するように水タンク内に給水して、Tw_3が平衡した時の給水量（オーバフロー量）と、その時の給水温度Tw_1とオーバフロー水温Tw_2からエンジン冷却水放熱量を1-2式で算出する。タンク内の循環ウォータポンプ（W/P）は、熱交換器に温度分布ができないように均一な流れにするものである。なお、いずれの場合にもエンジンオイルクーラを入れ、油温をコントロールできるようにする。

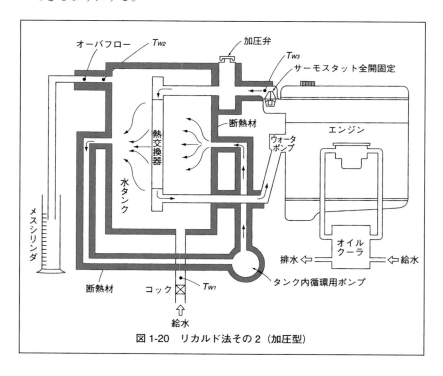

図 1-20　リカルド法その２（加圧型）

1.1.14 エンジン表面からの対流放熱量の測定

　冷却水温（エンジン出口）とエンジンルーム内雰囲気温（エンジンルーム中央）を測定できるようにした車両をシャシダイナモにセットする。

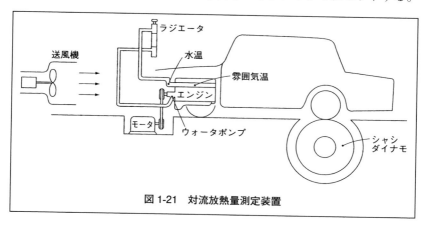

図 1-21　対流放熱量測定装置

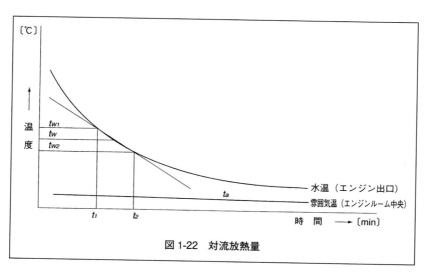

図 1-22　対流放熱量

ウォータポンプを別駆動できるようにすると共に放熱器（ラジエータ）も別置きにする（**図**1-21）。

測定は、冷却水温度が100～105℃になるまで走行して平衡状態になったら停車し、イグニッションキーをオフにする。その後、求めたい車速に相当する風を送り、また、求めたい循環水量を別駆動ポンプで循環させ、経過時間に対する水温と雰囲気温を測定し、1-3式で計算する（**図**1-22）。

$$Q = \log_e \left(\frac{t_{W1} - t_a}{t_{W2} - t_a} \right) \frac{C_b \cdot W_b + C_h \cdot W_h + C_w \cdot C_p}{t_2 - t_1 \ (t_w - t_a)} \quad \cdots\cdots\cdots\cdots\cdots 1\text{-}3式$$

Q ： 対流放熱量

W_b ： ブロック重量〔kg〕

W_h ： ヘッド重量〔kg〕

C_w ： 冷却水重量〔kg〕

C_b ： ブロック比熱〔J/(kg℃)〕

C_h ： ヘッド比熱〔J/(kg℃)〕

C_p ： 水の比熱〔J/(kg℃)〕

1.1.15　電気自動車（EV）、燃料電池車（FCV）

EVおよびFCV共にガソリン自動車のようなエンジンは搭載されていない。しかし、電気で電気モータを駆動して、その駆動力（回転）でタイヤを回転させて走行する。このEV、FCVを電動車というが、プラグインハイブリッド車（PHV）、ハイブリッド車（HV）、e-Powerは電動車ではないが、それに準じる。ここではEVとFCVを分けて簡単に説明する。

（1）EV について

EVはバッテリ、インバータ、電動モータから構成されている。動力源はバッテリであるが、電動モータは交流または直流電気を使用している。

バッテリは直流であるが、交流電動モータの場合、インバータにて直流を交流に変えている。またモータ制御もインバータで行われている。

これだけを見ると、エンジンのような冷却装置は必要ないように思われるが、インバータでかなりの熱を発生しており、また電動モータでもバッテリでも発熱している。これらを冷やすためにエンジンと同様の冷却装置が必要である。本書の執筆段階では、冷却水で冷却しているのはコンバータと電動モータであり、バッテリは座席の下のフロアに装着されることが多く、走行風による空冷の場合がほとんどである（**図1-23**）。

しかし、バッテリの温度が高くなると自然放電、耐久性に影響を及ぼす。今後さらにバッテリ容量が大きくなると、空冷以上に水冷も広く採用される時期が来ることも予想される。バッテリの充電は家庭用の交流電源で充電できる。また充電スタンドも増え急速充電も可能である。フル充電での走行距離はそれぞれのモデルの仕様によるが、エアコンディショナを

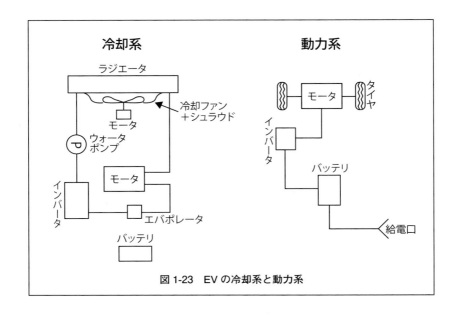

図 1-23　EV の冷却系と動力系

使用すると走行距離は短くなる。今後バッテリの性能向上によりさらなる航続距離の向上による普及が期待されている。

　しかし、EVにも大きく見れば問題もある。EVに供給している電力は火力発電所で発電したものも含まれている。火力発電所で発生するガスは、2050年までに対策すべき温室効果ガスの一部であり、この電力を他の方法、例えば風力発電や水力発電に移行できればEVは使用される電力もクリーンになり、EVの未来も明るいものになる。

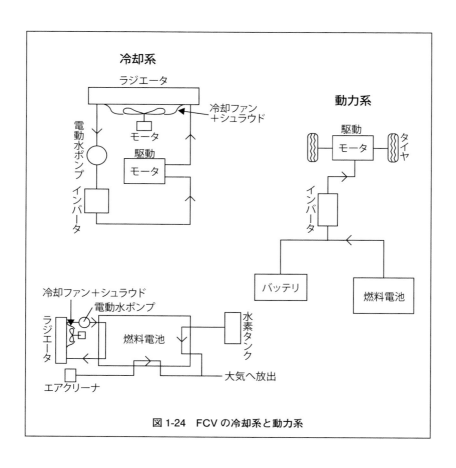

図 1-24　FCV の冷却系と動力系

(2) FCV について

　FCVは水素と空気を反応させて電気を発生させ、その電気をインバータを介してモータを駆動する。モータをコントロールするのはインバータで行う。冷却系は2系統あり駆動モータ、インバータの冷却と、燃料電池の冷却がある。

　動力系は駆動モータ、インバータの冷却であり、EVと同じ冷却系でラジエータ、冷却ファン、電動水ポンプで構成されている。

　燃料電池の冷却はラジエータ、電動ファン、電動水ポンプから構成され、燃料電池内で発生する熱を冷却し、適温に保つようにしている。

　燃料電池はセルが並べて構成されており、セルの効率向上等で過去のモデルよりセル数は少なくなってきているが、容量としては大きくなっている。

　燃料電池で発生する熱量は大きく、モータ、インバータの冷却系より大きくなっている。この燃料電池車の冷却も、FCVの進歩のカギのひとつとなっている。

　冷却系・動力系（燃料電池を含む）の略図を**図1-24**に示す。

1.1.16　冷却水放熱量まとめ

1．冷却水温度の制御温度を高く設定すると、冷却水放熱量は減少するが制限も多い。しかし、現在ではエンジン出口水温を制御するより、エンジン入口水温を制御する例が多くなっているため、エンジン出口水温は入口水温より4～10℃高い水温で使用されているので、冷却水放熱量は減少しており、燃費向上にも寄与している。

2．エンジン吸入空気温を低くすると、吸入空気重量流量を増加して出力を向上させ、また、冷却水放熱量も減少するので、吸入空気温を低くする努力は必要である。

3．冷却水循環水量を増大させると冷却水放熱量は増加するが、ラジエータ放熱量の増大の方が大きいので、水温低下には有効な手段である。

4. 不凍液の影響は比熱の問題であり、エンジン、ラジエータ共にほぼ等しく影響する。

5. ターボチャージャの冷却水放熱量への影響は大きいが、実際にはターボチャージャ付きエンジンは出力が増加した分アクセル開度が小さくなるので、その影響は小さくなる。

6. 点火時期はMBTで使用するのが有効である。

7. エンジン補機の影響はそれほど大きくない。ただ、冷却水放熱量の増加は小さいがエアコンディショナのコンプレッサ駆動トルクの影響は無視できず、エアコンのP_d、P_sを下げる努力が必要である（コンデンサの冷却効率を上げる）。

8. ATの水冷オイルクーラは、水温を2～5℃上昇させる。しかし、ATがロックアップ機構付きのものでは、その影響は少なくなる。

9. EV、FCVでもエンジンに相当するモータ、インバータ、バッテリおよび燃料電池が熱源となるが、特に燃料電池での発生熱量は大きく、冷却能力の向上が大きな課題となる可能性が高い。

1.2　潤滑油放熱量（潤滑油に放出される熱量）

　潤滑油（エンジンオイル）は、エンジンの摺動部分の摩擦や摩耗を低減すると共に摩擦熱や燃焼熱より伝達された熱を吸収して適温に保つ一方、防錆、局部圧の分散、洗浄等の作用も行う。

　潤滑油放熱量は、エンジンを循環してくる間に吸収する熱量である。潤滑油放熱量に影響する項目は、要因図に示すように多岐にわたる。そのうちの主な要因について述べていくが、放熱量としてとらえるよりも、潤滑油温度（油温）または油温と水温の差（油水温差）とした方がわかりやすい。以下は「油温」、「油水温差」（油水温差が大きいほど油温は高い。また油水温差が大きいほど、油温は水温の影響を受けにくい）で示す。

1.2.1 冷却水温の影響

エンジンオイルは、オイルの主油管（メインギャラリー）から、クランク軸受、ライナ摺動部、シリンダヘッドを経てバルブ、カム等に送られるが、それはウォータジャケットと接している場合が多い。したがって、ウォータジャケットの壁を介して冷却水と熱の授受が行われるため、冷却水温（水温）の影響は大きい。その一例を**図1-25**に示す。

図の例では、水温1℃に対する油温の変化は0.8℃となっている（一般的には0.6〜0.9℃）。油温が高い場合、その対策として水温を下げるのか有効であるが、水温を下げるのは簡単ではない。

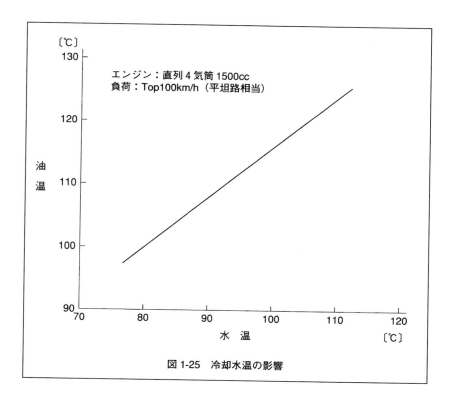

図1-25　冷却水温の影響

1.2.2 給油量の影響

エンジン運転条件一定の場合、給油量を増大すれば、当然油温は低下する。給油量を増大させるには、オイルポンプの容量増大または油圧アップの方法がある。

オイルポンプ容量増大は、オイルポンプの大きさが大きくなるため、実現するのは困難である。また、給油量を増大させるには相当の油圧アップが必要であるが、実際には、0.098～0.2MPaの油圧アップが限界であろう。例えば、直列4気筒1600ccエンジンで4000rpm全負荷時、油圧を0.294MPaから0.392MPaにしても油温はほとんど低下しなかった例がある。

1.2.3 メタルクリアランスの影響

油温に対する直接の影響はエンジンの摺動面によるものが大きいが、その中でも主軸受およびコンロッドの摺動面における油温上昇が大きい。メタルクリアランスが小さいと摺動面での摩擦熱が増大すると共に、給油量の減少による油温上昇が大きい。

一般的なメタルクリアランスは、25～60μと言われているが、25μと60μでは、油温は20℃も違うと言われている。**図1-26**は主軸受メタル、コンロッドメタルのクリアランスを変えた場合の一例を油水温差で比較したものである。エンジン回転数4000rpmでは、10℃も違い（水温一定とすれば油温は10℃上昇したことになる）、その影響が大きいことを示している。

1.2.4 エンジン回転数の影響

エンジン回転数が高くなれば、当然、摺動面のスベリ速度が速くなり、摩擦熱が大きくなるので、その分油温も高くなる。

図1-27にその一例を示してあるが、排気量、気筒数などによって、エンジン回転数に対する油温の勾配も違ってくる。これらは、油温に影響する要因の中でも水温と共に影響が大きい。車両の駆動系の最終減速比（ファ

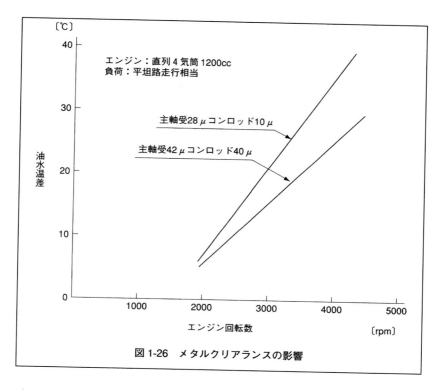

図1-26　メタルクリアランスの影響

イナルギヤ比）や変速機（ミッション）のギヤ比にも影響されるので、留
意すべきである。

1.2.5　オイルパン油量の影響

オイルパンも一種の放熱器であり、オイルパンの油量が増せばオイルパ
ンでの放熱量が増加し、油温も低下するはずである。しかし、直列４気
筒1600ccエンジンを搭載した車両で、油量を２〜４ℓの範囲で変え、最高
130km/hで平坦路を走行して比較したが（外気温35℃、水温95℃）油温は
まったく変らなかった。油量によって油温を少しでも下げるには３倍以上
の増量が必要と言われており、オイルパン油量増大で油温を下げるのはあ
まり期待できない。

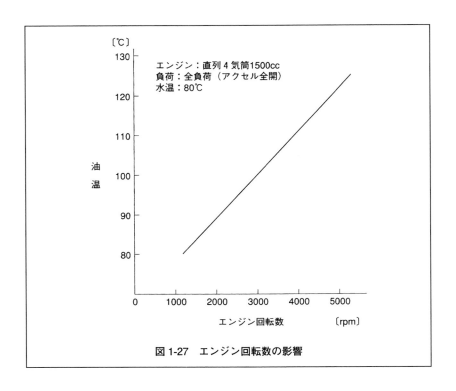

〔℃〕

エンジン：直列4気筒1500cc
負荷：全負荷（アクセル全開）
水温：80℃

油温

エンジン回転数　　　〔rpm〕

図 1-27　エンジン回転数の影響

1.2.6　ターボチャージャの影響

　出力向上のため、ターボチャージャを装備する例は多い。ターボチャージャ付きエンジンはターボチャージャなしに比べて油温が5℃前後高くなると言われており、特にツインターボチャージャ付きでは10℃前後高くなる。これは、ターボチャージャの軸受部にエンジンオイルを循環（3ℓ/min前後）させて冷却しているためで、そこでの熱授受が油温を高くしている。また排気温が高いほど油温も高くなる。ツインターボチャージャでは軸受の数も多くなるため、油温上昇はさらに大きくなる。その一例を**図1-28**に示す。

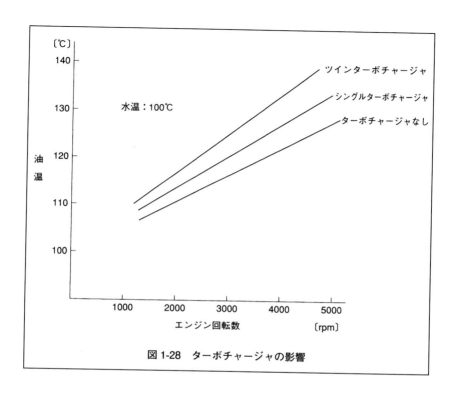

図 1-28 ターボチャージャの影響

1.2.7 ピストンオイルジェット

　特にディーゼルエンシンでは、圧縮比、燃焼温度が高いため、ピストン温度が高くなる。そこで、ピストンの温度を下げるために、メインギャラリ（主油管）の一部にオイルを噴射するパイプ（オイルジェット）を設け、ピストン裏側にオイルをかける方法が採られることがある。この場合、気筒数、ジェット噴射量、運転条件によっても異なるが一般的に油温は約10℃上昇すると言われている。

1.2.8　オイルクーラ

　エンジンの回転数が高くなるに伴い、油温も高くなる。高速走行の多い欧州や中東、また、スポーツカー等では、油温対策としてオイルクーラを装備する例が多い。オイルクーラには、水冷式と空冷式があり（**図1-29**）、その長所と短所および構造を以下に示す。

（1）水冷式

　冷却水でオイルを冷却するものである。多板式が主流で、エンジンブ

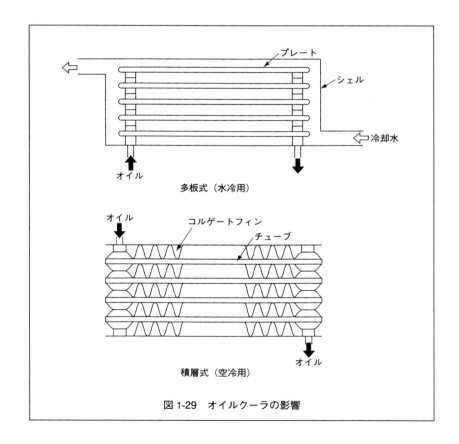

図 1-29　オイルクーラの影響

ロックへオイルフィルタと共締めされる例が多い。冷却能力はコアの段数の選択により調整できる。構造上、放熱面積が取りにくいため、効果は空冷式より小さい。また、水温への跳ね返りも3～5℃あるが、油温は10～15℃程度低下する。

（2）空冷式

走行風でオイルを冷却する。積層式が主流でスポーツカーに多く使用されているが、取り付け場所が制約される。冷却能力としては、フィン等で放熱面積を大きく取れるため、水冷式より効果が大きい。また、油温が低下した分、水温も低下する。

1.2.9　その他の部品

（1）メタルの種類

メタルには、耐荷重性、耐摩耗性、耐焼付性、なじみ性、耐食性等が要求される。現在、自動車エンジン用メタルには、ホワイトメタル、ケルメットメタル、アルミメタルがある。

・ホワイトメタル：錫系と鉛系がある。耐荷重性、耐摩耗性で劣るが、耐焼付性、なじみ性（含埋没性）が良い。許容温度はケルメットより低い。

・ケルメットメタル：銅鉛合金。耐荷重性に優れ、ホワイトメタルより許容温度が高く、高速高負荷に適しているが、なじみ性（埋没性）、耐食性が悪い。そのため、ケルメット合金の表面に、鉛、錫等の軟質合金をメッキ（オーバレイ）して、なじみ性を改良している。

・アルミメタル：ケルメットに近い性質を持っており、耐食性も良い。

現在、最も多く使用されているのは、アルミメタルである。

（2）オイルポンプ

潤滑方式には、はねかけ式、圧送はねかけ式、圧送式がある。今日のようにエンジンが高回転化、高出力化されるに伴い、圧送式が主流になっている。圧送式に使用されているオイルポンプは、**図1-30**に示すように3種があるが、トロコイド式が使用されている例が多い。オイルポンプの大き

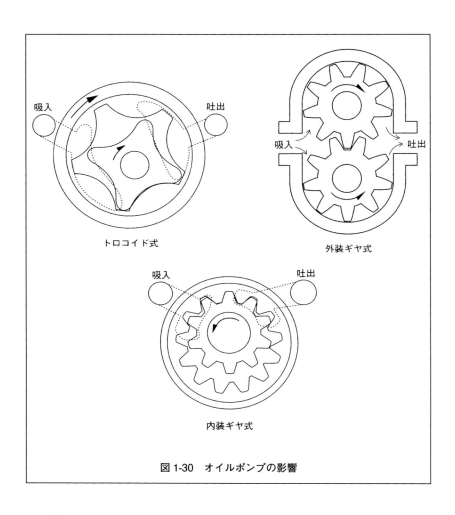

トロコイド式

外装ギヤ式

吸入　吐出

内装ギヤ式

図 1-30　オイルポンプの影響

さ（吐出量）は、エンジンの老朽化や、高油温、高回転時等を考慮して多
少の余裕を持たせている。

1.2.10　潤滑油放熱量の測定法

　冷却水側から測定する場合と潤滑油側から測定する場合があるが、冷却
水側から測定する方が簡単である。

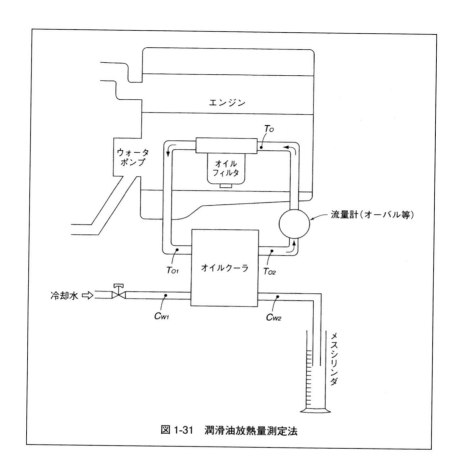

図1-31　潤滑油放熱量測定法

　エンジン入口油温（メインギャラリ入口）T_0が設定した温度になるようにオイルクーラに流す冷却水の量を調整する。設定温度で平衡した時のC_{W2}、C_{W1}および冷却水流量を容積法または重量法で測定し、1-4式で計算する（**図1-31**）。

$$Q_O = C_p \cdot G_W \cdot (C_{W2} - C_{W1}) \, [\text{kW}] \cdots\cdots\cdots\cdots\cdots\cdots\cdots\cdots\cdots 1\text{-}4 式$$

Q_O：潤滑油放熱量

C_p：水の比熱 $[\text{J}/(\text{kg℃})]$

G_W：冷却水流量 $[\text{kg}/\text{min}]$

C_{W1}：クーラ入口水温 $[\text{℃}]$

C_{W2}：クーラ出口水温 $[\text{℃}]$

1.2.11 潤滑油放熱量まとめ

1．潤滑油温は冷却水温から受ける影響が大きい。したがって水温は低く抑えた方が有利であるが、冷却水放熱量との関係もあり80〜90℃が適温である。油温が高い場合、水温を下げるのが有効であるが、冷却系の容量アップが必要になる。

2．油温が高い場合、給油量を多くするのが有効と言われているが、オイルパン油量増大で油温を低下させるには相当量の油量増大が必要であり、実現性に乏しい。

3．メタルクリアランスの大小が油温に与える影響は大きい。メタルクリアランスは許容範囲内で大きくできれば有効であるが、量産エンジンは許容範囲で組まれているため、実際にはなりゆきにならざるを得ない。

4．エンジン回転数の影響は大きいが、ミッションギヤ比、ファイナルギヤ比でエンジン回転数が決まってしまうので、車両を運転する際、極力低いエンジン回転数で使用するのが有利である。

5．電気自動車では特に潤滑油は使用されていない。

第 **2** 章
冷却メカニズム

2.1 冷却系部品

2.1.1 ウォータポンプ

　ウォータポンプは、**図2-1**のようにエンジン前面に取り付けられ、エンジンによって駆動される。冷却水はウォータポンプにより圧送され、シリンダブロック、シリンダヘッドのウォータジャケットを通り、サーモスタットが閉じていればバイパス回路を通ってサーモスタットハウジングからウォータポンプに戻る。サーモスタットが開けばラジエータへ流れ、サーモスタットハウジングを経てウォータポンプへ戻る。

　このように、ウォータポンプはエンジン各部を適温に保つために必要な冷却水を、冷却水路系内に循環させる目的を持っている。

　必要循環水量は2-1式に示される。

$$G_w = \frac{Q_E}{C_P \cdot \gamma_w \, (T_{W1} - T_{W2}) \cdot 3600} \quad \cdots\cdots\cdots\cdots\cdots\cdots\cdots\cdots 2\text{-}1式$$

　　G_w ：冷却水流量〔m³/h〕

　　Q_E ：エンジン冷却水放熱量〔W〕

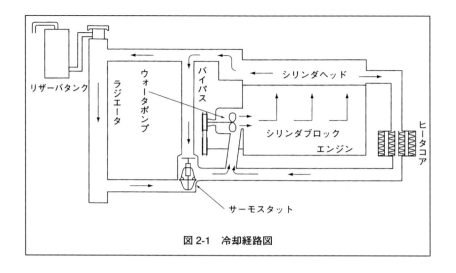

図 2-1　冷却経路図

C_P ： 水の比熱〔J/(kg℃)〕
γ_w： 冷却水の密度〔kg/m³〕
T_{W1}： エンジン出口水温〔℃〕
T_{W2}： エンジン入口水温〔℃〕

　一般的にT_{W1}-T_{W2}が 4～10℃になるように、循環水量を決定する。

　T_{W1}-T_{W2}が大きくなると循環水量は減少し、エンジンウォータジャケット内の温度分布が大きくなったり、局部沸騰等で、シリンダライナの熱変形が大きくなってピストン焼き付きの原因になることもあるので、T_{W1}-T_{W2}は小さい方がエンジンにとって有利である（4～6℃程度）。

　図2-2に、エンジン出力に対する必要循環水量を示す。このように、必要循環水量は、ほぼエンジン出力に比例している。

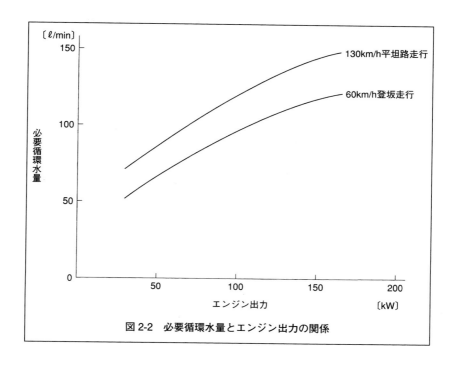

〔ℓ/min〕

必要循環水量

130km/h平坦路走行

60km/h登坂走行

エンジン出力 〔kW〕

図 2-2　必要循環水量とエンジン出力の関係

（1）ウォータポンプの特性

　水冷式エンジンの冷却水循環方式には、サイフォン循環方式と加圧式強制循環方式がある。現在、サイフォン循環方式は使用されていないので、すべて加圧式強制循環方式である。使用されているウォータポンプの大部分は、遠心式ボリュートポンプ（渦巻式ボリュートポンプとも呼ばれる）である。

　図2-3に示すように、遠心式ボリュートポンプは羽根車（ベーン）とボリュート室からなっており、冷却水に羽根車で速度エネルギーを与え、ボリュート室で速度エネルギーを圧力エネルギーに変える。

　ポンプの性能としては、流量に対して全揚程、吸収馬力、効率が示されている。

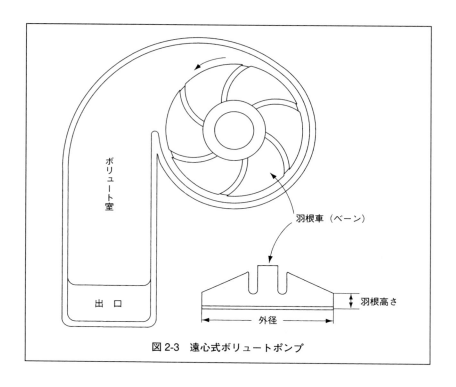

図 2-3　遠心式ボリュートポンプ

　全揚程とは、ある流量をどれだけの高さまで上げられるかを示している。言い換えれば、全揚程は抵抗と考えることもできる。したがって、性能図（**図2-4**）に冷却水路系抵抗をプロットすれば、循環水量を推定できる。

（2）ウォータポンプ性能に影響する要因

　ウォータポンプの性能は、羽根車外径、羽根枚数、羽根高さ、羽根出入口角度、ボリュート室容積等で変わる。ここでは、これらの要因が及ぼす影響を示す。

①羽根車外径の影響

　図2-5に示すように、羽根車外径に比例して、流量、全揚程共に増加している。一般的には、羽根車の形状が相似の場合、全揚程は外径の２乗に、流量は外径の３乗に比例すると言われている。**図2-5**の例では、全揚

程は外径の４乗に、流量は外径の３乗に比例している。流量は一般的な数値と合っているが、全揚程が合わないのは、外径が小さくなるにしたがってボリュート室容積とのマッチングが悪くなり、全揚程の減少割合が大きくなったためと考えられる。流量の場合、ボリュート室での圧力上昇の影響は少ないと思われる。

　図2-5は羽根車外径の影響の一例であり、他の結果では多少異なるかもしれない。しかし、羽根車外径の影響が大きいことに変わりはない。

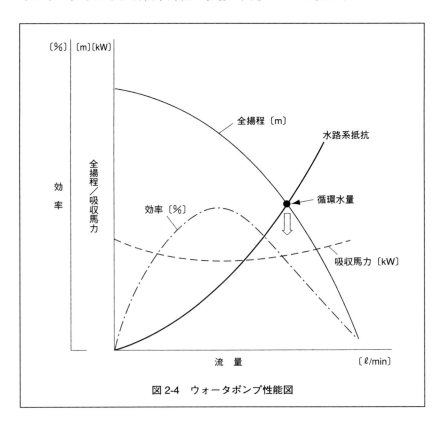

図 2-4　ウォータポンプ性能図

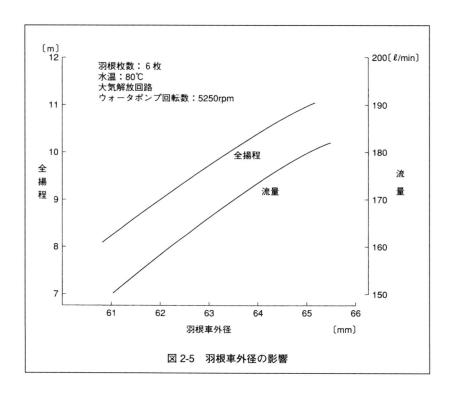

図 2-5　羽根車外径の影響

②羽根枚数の影響

　羽根枚数の影響は、羽根車の内径と外径の比、羽根出入口角度等によっ
て異なり、軸流式に比べて羽根枚数の選定は難しいと言われている。

　図2-6に羽根枚数の影響の一例を示すが、全揚程、流量の増加が期待で
きるのは、8枚が限度である。一般的にも8枚が限度で、それ以上では、
羽根間通路の摩擦が増加して全揚程、流量が低下すると言われており、そ
れはテスト結果でも証明されている。

　実際の自動車用ウォータポンプには、4～6枚羽根が多く使用されている。

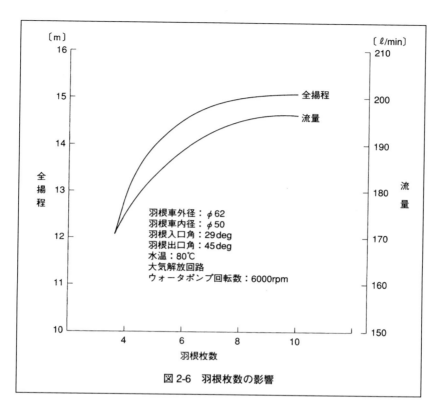

〔m〕 〔ℓ/min〕

全揚程

流量

全揚程

流量

羽根車外径：φ62
羽根車内径：φ50
羽根入口角：29deg
羽根出口角：45deg
水温：80℃
大気解放回路
ウォータポンプ回転数：6000rpm

羽根枚数

図2-6 羽根枚数の影響

③羽根車の羽根高さの影響

　図2-7に羽根車の羽根高さの影響の一例を示す。全揚程、流量の増大を図る時に比較的よく使われる手段である。全揚程、流量共に羽根高さ14mmでやや頭打ちの傾向にあるが、羽根高さ16mmぐらいまでは全揚程、流量増加に有効である。

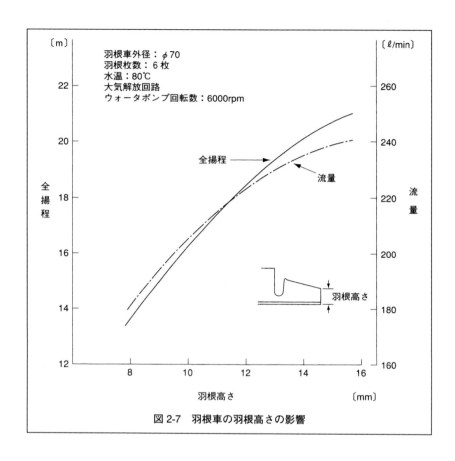

図 2-7　羽根車の羽根高さの影響

④羽根出入口角度の影響

　一般論になるが、羽根出入口角度で特性は変わる。例えば、羽根出入口角度が**図2-8**のAタイプ、Bタイプでは全く異なった特性を示す。

　羽根出入口角が90°（Bタイプ）の特性曲線は**図2-9**のように山型になり、最大揚程は大きくなるが、少流量、大流量域でのキャビテーション（63ページ参照）が激しく、また揚程が同じで流量が異なる、いわば作動点が2カ所（例えばイ、ロ）ある状態で安定した特性とは言えない。

　これに対し、後退翼のAタイプは、最大揚程は劣るがキャビテーション

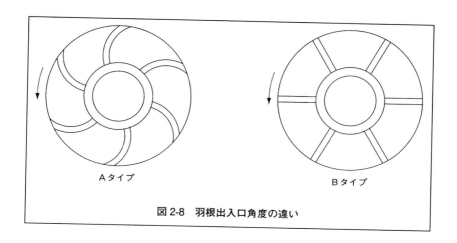

図 2-8　羽根出入口角度の違い

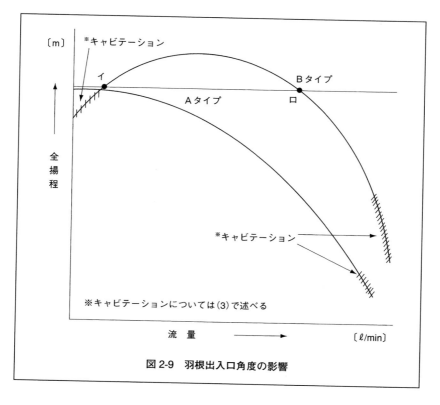

図 2-9　羽根出入口角度の影響

が少なく、安定した特性のため、自動車用ウォータポンプはほとんどがこのAタイプである。

⑤ボリュート室容積の影響

　羽根車の諸元を一定にしておき、ボリュート室の容量を変えると、**図2-10**のように流量、全揚程共に変化し、ボリュート室容積が小さいと、流

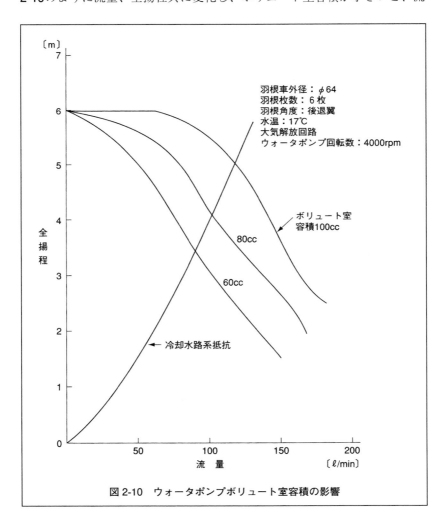

図 2-10　ウォータポンプボリュート室容積の影響

量、全揚程共に減少する。これはボリュート室での圧力上昇が抑えられる一方、通路抵抗が大きくなるためと考えられる。一般的にボリュート室の大きさは、ボリュート室各断面での平均流速が等しくなるように設計されるが、実際にはスペースの問題もあって、このようにはなっていない。

（3）キャビテーション

　ここで冷却経路に発生するキャビテーションについて説明する。

　ウォータポンプで、常温の水を10m以上吸い上げることはできない。また、100℃の水をその表面より吸い上げることはできない。これは常温の水は98kPaの真空で、100℃の水は大気圧で、それぞれ蒸発するため、ウォータポンプの入口が蒸気で満たされるので吸い上げることができないのである。

　管内を水が流れている時に、ある部分の圧力がその時の水温に相当する蒸気圧に下がれば、その部分は蒸発（沸騰）して空洞ができる。この現象をキャビテーションという。上記の例もキャビテーションである。自動車の冷却水路系で、最も圧力が低くなるのは羽根車入口であり、ここからキャビテーションが発生し、羽根の裏面へと発達していく。

　キャビテーションが発生しても、初期には気泡も少なく、冷却水と共に吐出されるので、流量低下も少ないが、キャビテーションが進行すると気泡の量が多くなり、流量低下も次第に大きくなっていき、ついには吐出しなくなる、また、キャビテーションは羽根車入口で発生するが、羽根車出口部では圧力が高いため、気泡の一部がつぶれる。その時に発生する衝撃力は数百〜数千気圧に達すると言われ、その衝撃力が金属の表面を潰食（エロージョン）し、ボロボロにするので注意を要する。キャビテーション発生に関係する要因には以下の項目がある。

①ラジエータ調圧弁圧力（キャップ圧）の影響

　キャビテーションは、その時の水温に相当する蒸気圧になると発生するので、冷却水路系の圧力を高くすれば、それだけキャビテーションに対して有利になる。水路系の圧力を高くするには、ラジエータ調圧弁圧力を高

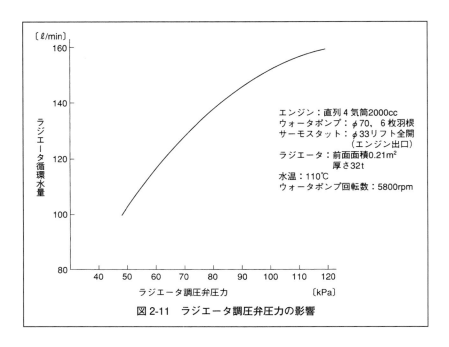

図 2-11　ラジエータ調圧弁圧力の影響

くすれば良い。**図2-11**にラジエータ調圧弁圧力の影響の一例を示す。調圧弁圧力の影響は大きく、圧力が高い方が有利である。

②サーモスタット取り付け位置の影響

　サーモスタットの取り付け位置には、エンジン出口とエンジン入口がある（**図2-12**）。

　図2-13に、サーモスタット取り付け位置による影響の一例を示した。出口装備に比べ入口装備の方が、調圧弁圧力に対する流量低下が大きい。これは、入口装備では、サーモスタットがポンプ入口部分にあるために抵抗になり、サーモスタット出口装備より、ウォータポンプ入口圧力が低くなる。その分、キャビテーションの発生が早くなり、流量低下が出口装備より大きくなったと考えられる。

　現状ではウォータポンプの性能も良くなり、制御性の良い入口制御方式が主流である。

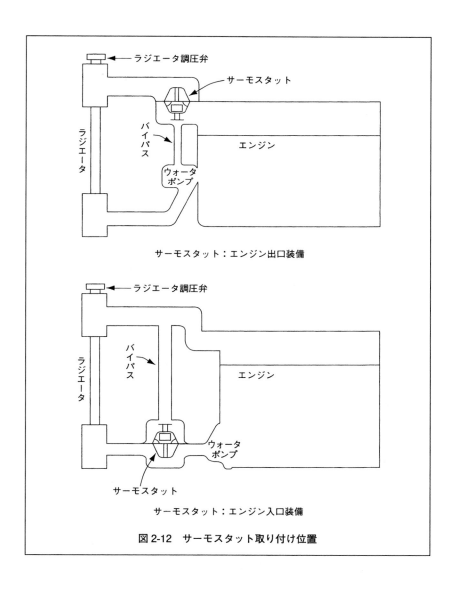

サーモスタット：エンジン出口装備

サーモスタット：エンジン入口装備

図2-12　サーモスタット取り付け位置

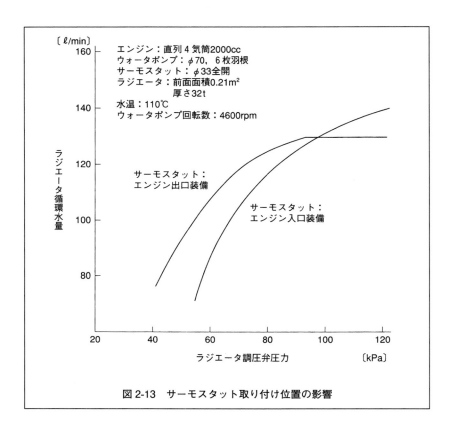

〔ℓ/min〕

エンジン：直列4気筒2000cc
ウォータポンプ：φ70，6枚羽根
サーモスタット：φ33全開
ラジエータ：前面面積0.21m²
　　　　　　厚さ32t
水温：110℃
ウォータポンプ回転数：4600rpm

サーモスタット：
エンジン出口装備

サーモスタット：
エンジン入口装備

ラジエータ循環水量

ラジエータ調圧弁圧力　〔kPa〕

図 2-13　サーモスタット取り付け位置の影響

③不凍液の影響

　不凍液（エチレングリコール系）は、清水と比較すると、蒸気圧が同じ
ならば沸点は高くなる。同一水温では、例えば110℃の場合、不凍液濃度
50％の蒸気圧は113.7kPa（清水では147kPa）であり、キャビテーション
が発生しにくくなる。**図2-14**に不凍液濃度と沸点の関係を、**図2-15**に不凍
液の影響を示してあるが、不凍液濃度50％と清水とではキャビテーション
による流量低下は大幅に異なり、不凍液濃度50％の方が有利なことがわか
る。

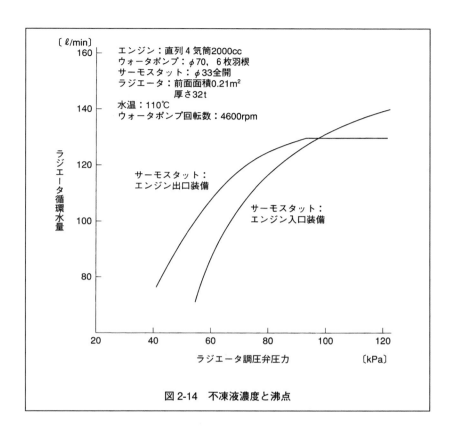

〔ℓ/min〕

エンジン：直列4気筒2000cc
ウォータポンプ：φ70、6枚羽根
サーモスタット：φ33全開
ラジエータ：前面面積0.21m²
　　　　　　厚さ32t
水温：110℃
ウォータポンプ回転数：4600rpm

ラジエータ循環水量

サーモスタット：
エンジン出口装備

サーモスタット：
エンジン入口装備

ラジエータ調圧弁圧力　　　　　〔kPa〕

図2-14　不凍液濃度と沸点

④羽根出入口角度の影響

　羽根出入口角度でウォータポンプ特性が異なることはすでに述べたが、この出入口角度はキャビテーションにも大きく影響する。羽根車入口から入った冷却水が、羽根に流入する際の流入角を小さくして、羽根面に沿う流れが剥離しないようにするとキャビテーションに対して有利なため、最近のウォータポンプは入口角度29deg前後、出口角度45deg前後の羽根出入口角度が使用され、直線羽根に比べてキャビテーション性能は大幅に改善されている。現状ではこのタイプが使用されており、直線羽根車はほとんど使用されていない。

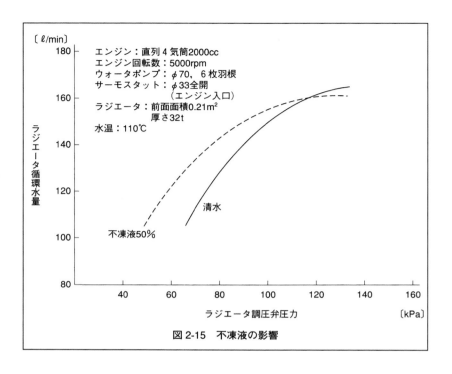

図 2-15　不凍液の影響

⑤ラジエータ膨張空間の影響

　現在は、ラジエータの水温が上昇したときにラジエータアッパタンクからオーバフローする冷却液をリザーブタンクで受け、水温が下がるとアッパタンクが負圧になるのを利用して、リザーブタンクからアッパタンクに戻しているため、ラジエータアッパタンクに空間ができない。しかし、リザーブタンクのない場合は、冷間時にラジエータに給水しても、水温が上昇すると冷却水が膨張してオーバフローし、アッパタンクに空間ができる。

　冷却水の体積膨張によるオーバフロー量は2-2式で求められる。

$$\Delta U_0 = \alpha \ (T_W - T_0) \ \cdot U_0 \ 〔\ell〕 \ \cdots\cdots\cdots\cdots\cdots\cdots\cdots\cdots\cdots\cdots 2\text{--}2式$$

$\alpha \ (T_W - T_0)$：**図2–16**のグラフによる

U_0：全水容量〔ℓ〕

　また、ラジエータのアッパタンクに空間ができると、冷却液に空気が混入してキャビテーションと同じ現象になり、冷却水の流量が低下する（**図2-17**）。

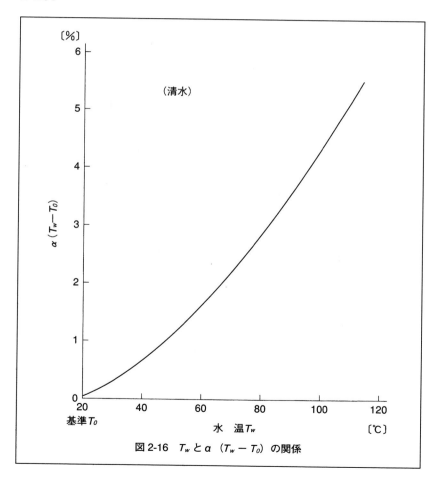

図 2-16　T_w と $\alpha \ (T_w - T_0)$ の関係

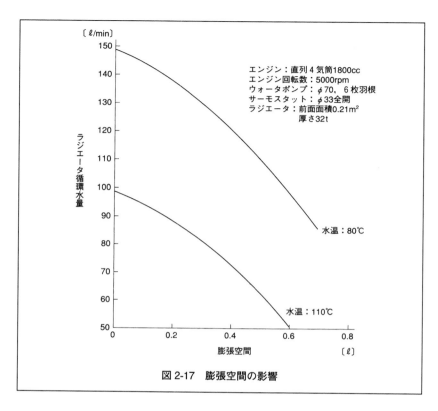

図 2-17　膨張空間の影響

（4）冷却水路系水抵抗の推定

　冷却水路系の抵抗の大きさによって、循環水量が変わる。冷却水路系の主な抵抗は、大きく分けてエンジン、ラジエータ、サーモスタットになる。エンジンの水抵抗は、ウォータジャケット形状、水穴面積、冷却水出入口面積で異なるが、循環水量100ℓ/minで、約9.8～14.7kPa程度である。ラジエータの水抵抗はコア内抵抗、出入口の形状、面積で決まるが、約9.8kPa（100ℓ/min）程度である。サーモスタットの抵抗は、弁径、弁リフト量によって異なるが、現在広く使用されている弁径φ33.8mmリフトで約9.8kPa（100ℓ/min）である。したがって、冷却水路系抵抗の目安としては、循環水量100ℓ/minで29.4～34.3kPa程度である。

（5）冷却系の圧力について

　冷却水路系の圧力は、蒸気圧とウォータポンプ吐出圧がプラスされたもので、その圧力はラジエータ調圧弁によって制御されている。したがって、水路系圧力は、ラジエータ調圧弁圧力（現在は88.2kPaが一般的）以上にならないと思われがちであるが、ウォータポンプ出口からサーモスタット室までの水路系では196kPaにも達することがある。その一例を**図 2-18**に示す。

　サーモスタット室圧力は、サーモスタット開弁まではほとんどウォータポンプ吐出圧力であり、サーモスタット開弁後には蒸気圧が加わったものである。ラジエータ調圧弁作動後は圧力が下がり、サーモスタット全開後は、ほぼラジエータ調圧弁圧力で安定する。

　サーモスタット入口装備では、出口装備より、冷却系最大圧は低いと考えられる。

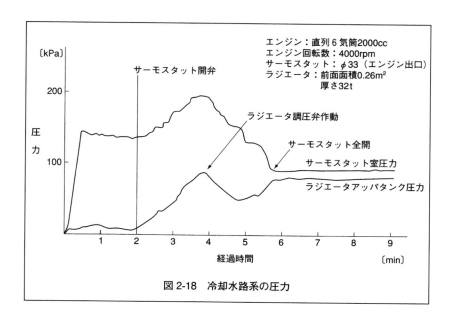

図 2-18　冷却水路系の圧力

（6）ベーンシール

　ウォータポンプには、水漏れを防ぐため、回転部分にシール部を設けている。シール方式には、寿命が長く、調整不要で、しかも摩擦が少ないメカニカルシールを使用している。その構造を**図2-19**に示す。

　シートは羽根車に固定され、シールはウォータポンプのボディ側に装備されている。シート材は従来はステンレスであったが、摩耗が早いため、現在はセラミックが使用されている。シール材はカーボンである。シール材はスプリングによって、シート面との面圧を一定（約294kPa）に保つようにしている。スプリングの内側にあるゴムブッシュは、その弾性を利用してシール面に伝わる軸振を緩和し、シール性を向上している。

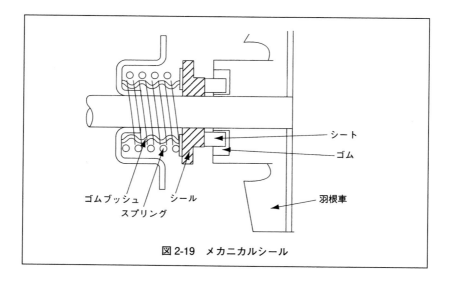

シート
ゴム
ゴムブッシュ
スプリング
シール
羽根車

図 2-19　メカニカルシール

（7）単体試験法

　ウォータポンプの台上単体試験法は、JIS B8301に規定されているが、簡易方法としては、**図2-20**の試験法で十分である。試験は、ポンプ回転数一定で、出口側絞り弁開度（バルブ２）を変え、その時の入口圧、出口圧、流量、駆動馬力を測定し、全揚程、効率を算出する。

　試験装置で入口圧力、出口圧力を測定する場合、U字管液柱計とブルドン管では、全揚程の計算方法が異なるが、ここでは、U字管水銀液柱計の場合を示す。

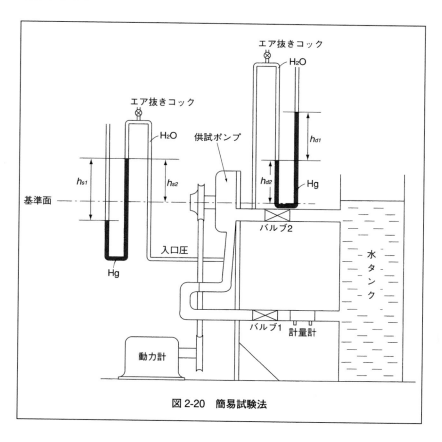

図 2-20　簡易試験法

$$h = h_d - h_s \ (\text{m}) \quad \cdots\cdots\cdots\cdots\cdots\cdots\cdots\cdots\cdots\cdots\cdots\cdots\cdots\cdots\cdots\cdots 2\text{--}3 式$$

$$h_d = 13.6 h_{d1} + h_{d2} \ (\text{m})$$

$$h_s = 13.6 h_{s1} - h_{s2} \ (\text{m})$$

  h ： 全揚程〔m〕

h_{d1}： 〔mHg〕

h_{d2}： 〔m（H_2O）〕

h_{s1}： 〔mHg〕

h_{s2}： 〔m（H_2O）〕

$$効　率 = \frac{理論動力 \ 〔kW〕}{実測動力 \ （駆動馬力）〔kW〕} \times 100 \ 〔\%〕$$

理論動力 $= 0.163 \cdot \gamma \cdot h \cdot Q \cdot 0.735 \ 〔kW〕$

  γ ： 水の比重量〔kg/m^3〕

  h ： 全揚程〔m〕

  Q ： 流量〔m^3/min〕

（8）ウォータポンプまとめ

1．必要循環量は、常にエンジン出入口温度差が4〜10℃になるように確
　保する。

2．自動車用ウォータポンプには、遠心式ボリュートポンプ（渦巻式ボリュー
　トポンプ）が使用されている。

3．循環水量、全揚程を増加させる場合、羽根車外径を大きくするのが有
　利であるが、実際に羽根車外径を大きくするには、ウォータポンプ自体
　のサイズの制約もあり、困難も多い。

4．羽根枚数の影響も大きいが6枚羽根がベストと考えられる。

5．羽根高さを高くすると、羽根面積が増大して流量は大幅に増加するの

で、非常に有効である。

6. ボリュート室の容積は、できる限り大きく取った方が有利である。

7. キャビテーション対策は水路系の圧力を高くするのが有効であり、ラジエータ調圧弁圧力を高くする方法があるが、現状では88kPaが一般的である。系統圧を高くしたのと同様な効果が得られるのは不凍液である。現状ではほとんどリザーバタンク付きで冷却水路系に空気が混入することはないので、非常に有利である。

8. 電動車にもウォータポンプは使用されているが、ガソリン（ディーゼルも含む）エンジンよりも小型のモータで駆動されている。

2.1.2 冷却ファン

自動車用冷却ファンは風の流れが軸方向の軸流ファンである。その冷却ファンは、車速風の利用があまり期待できない低速高負荷（例えば登坂）、渋滞走行、アイドリング時に有効である。ファン駆動方式としては、エンジン駆動ファン、モータで駆動する電動（モータ）ファン、油圧で駆動する油圧モータファン、液体の粘度を利用した粘性カップリングファンがある。冷却ファンは、クーラコンデンサ冷却とラジエータ冷却の両方に使用される。

（1）ファン単体性能
①ファン形状と特徴

図2-21に、自動車エンジンに使用されている冷却ファンの形状と特徴を示す。

②冷却ファンの特性図

冷却ファンの特性を**図2-22**に示す。風量に対して、有効静圧（または有効全圧）、吸収馬力および効率が示されている。有効静圧、吸収馬力はファン形状によって異なるが、効率は30〜50％であり、一般の軸流送風機に比べると低い。これは自動車用軸流ファンの使われ方が解放形のためと思われる。

形　状	名　称	特　徴
1 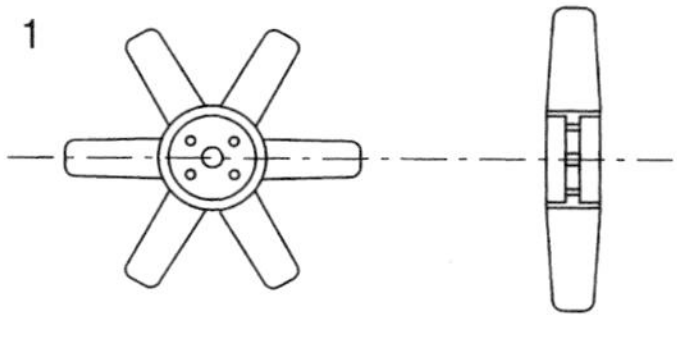	等ピッチ ファン	エンジン駆動、カップリングに装備されることが多く、羽根車数は6〜8枚が多い
2 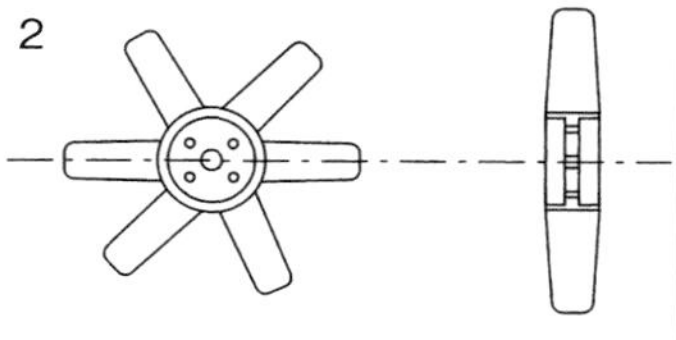	不等ピッチ ファン	羽根の干渉によってファン騒音低減を図っている。エンジン駆動カップリングに多く使用されていたが、電動ファンにも使用されている
3 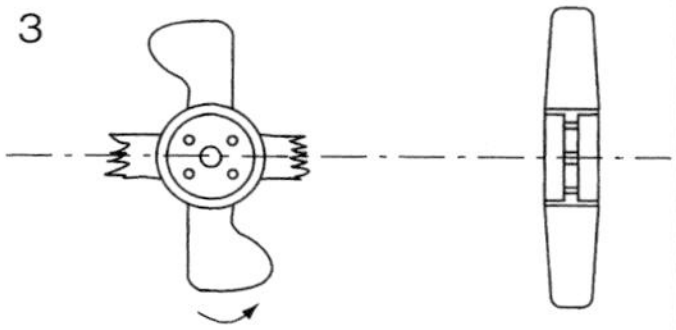	低騒音 ファン	ファン先端を回転方向に突き出す形を取って先端でのカルマン渦を少なくし、騒音低減を図っている。電動ファンに多く使用されている。現状ではさらに変形したファンも使用されている
4 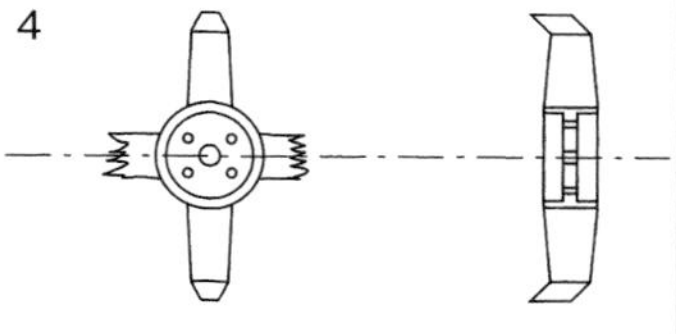	チップベン ドファン	ファン先端を前方へ曲げ空気の流れを円周方向にして、ファン後方抵抗の影響を減少させた。一般のファンに比べ、風量は10%ほど増加する。
5 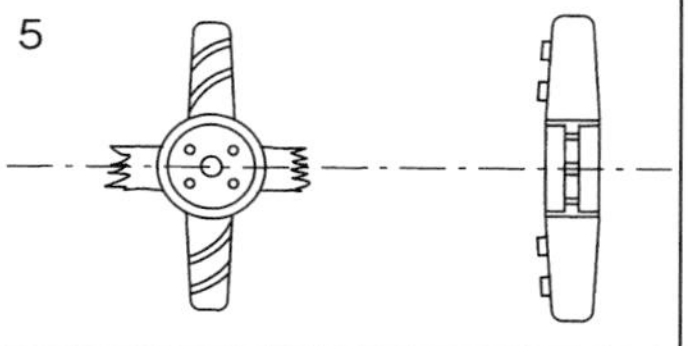	ガイドベーン 付ファン	円周方向の流れを作るために羽根にガイドベーンを設けたもので、一部の車種に使用された。現状ではこのタイプはほとんど使用されない。
6 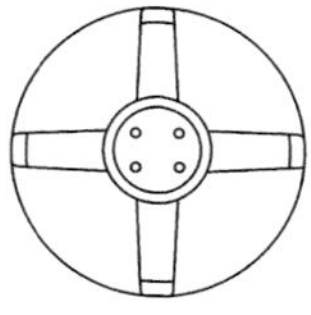	リング付き ファン	ファン先端の巻き込みを防止できるため、リングなしに比べ風量は10%増加する。また、騒音低下にも寄与しており、電動ファンに多く使用されている

図 2-21　ファン形状と特徴

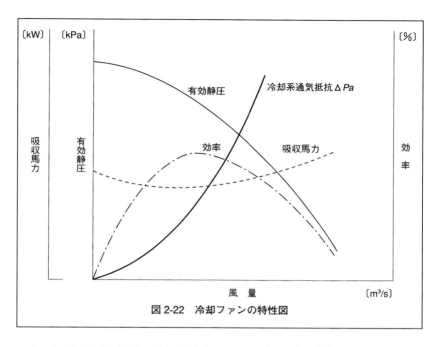

図 2-22　冷却ファンの特性図

　この特性図に冷却系の通気抵抗をプロットすれば、車載した場合の風量
が得られる。

③ファン特性曲線からみたファンの特徴

　ファンの特性を大きく分けると、**図2-23**のA、B、Cになる。

　Aのような特徴を持つファンはヒネリ角が小さく、羽根枚数が少ない
（3～4枚）が、羽根面積が大きい扇風機型ファンであり、風量は出るが
有効静圧が小さく、抵抗の大きい冷却系には適さない。Bのような特性を
持つファンは最も一般的であり、実際にも数多く使用されている。Cのよ
うな特性のファンは、弦長を小さくして羽根枚数を多くし、ヒネリ角を大
きく取ったタービンのようなファンであり、風量は出ないが、有効静圧が
大きいファンである。要は、冷却系の実状にマッチしたファンの選定が大
切である。

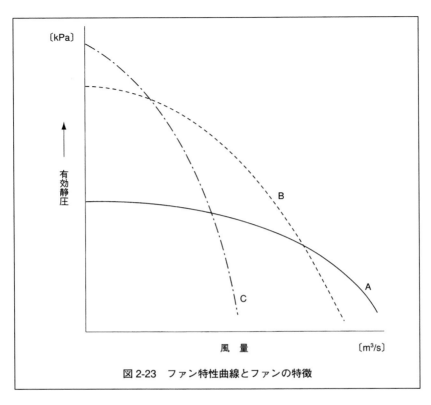

図 2-23　ファン特性曲線とファンの特徴

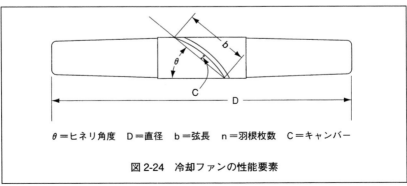

θ＝ヒネリ角度　D＝直径　b＝弦長　n＝羽根枚数　C＝キャンバー

図 2-24　冷却ファンの性能要素

④冷却ファンの性能に影響する諸元

冷却ファンの性能に影響する要素としては、ヒネリ角度、直径、弦長、羽根枚数、キャンバーがある。**図2-24**に示す。

ヒネリ角度の影響

吸い込みダクトのみを持つ装置でヒネリ角の影響を調べた（**図2-25**）。

図2-26に示すように、風量はヒネリ角40degぐらいまでは増加するが、

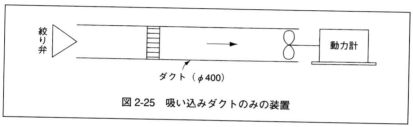

図 2-25　吸い込みダクトのみの装置

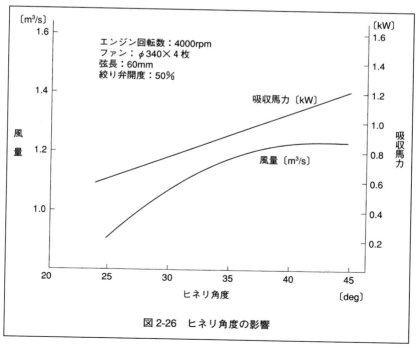

図 2-26　ヒネリ角度の影響

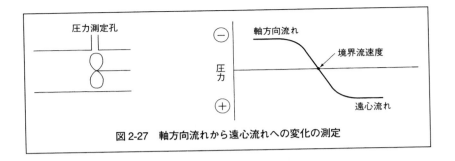

図 2-27　軸方向流れから遠心流れへの変化の測定

それ以上では頭打ちの傾向を示す。一方、吸収馬力はヒネリ角に比例して増加するため、ファン効率は低下する。

　ヒネリ角が大きくなると風量が頭打ちになる原因は、ヒネリ角が大きくなるにしたがってファンの風の流れが軸方向から遠心方向へ変わり、その流れがファン後方ダクトに当たって抵抗が増すためと考えられる。軸流ファンで軸方向流れから遠心流れになるのを測定するには、ダクトのファン位置の円周方向圧力を測定すれば、圧力がマイナス圧からプラス圧に変わるのでわかる（**図2-27**）。

　一方、計算でも軸流境界速度は算出できる。

$$C_m = 0.028 \cdot N \cdot \ell_i^{1/2} \cdot \sin V_i \cdot Z^{1/3} \cdot r_i^{1/2} \ \text{〔m/s〕} \quad \cdots\cdots\cdots\cdots\cdots\text{2-4式}$$

　　　C_m：境界軸流速度〔m/s〕
　　　N ：回転速度〔rpm〕
　　　ℓ_i：ボス部における弦長〔m〕
　　　V_i：ボス部におけるヒネリ角〔deg〕
　　　r_i ：ボス径〔m〕
　　　Z ：羽根枚数

弦長の影響

　弦長の影響は大きく、弦長が大きいほど風量は増加するが、強度面から

は100mmが限界である。羽根枚数より弦長を増した方が特性面で有利と言われている。実際の弦長は70〜90mmが多い。一般的に風量は、弦長の2乗に比例する。

外径の影響

　相似ファンで外径を変えた場合、
　　風量：外径の3乗に比例する
　　有効静圧：外径の2乗に比例する
　　吸収馬力：外径の5乗に比例する
　と言われている。

羽根枚数の影響

　図2-28に、相似ファンで羽根枚数のみを変えた場合の一例を示す。風量は羽根枚数に比例して増加するが、7枚以上で頭打ちの傾向を示す。これは羽根枚数が多くなると羽根間で干渉するためであるが、弦長によっては、風量が頭打ちになる枚数は異なってくる。図2-28では7枚がベストであるが、弦長が大きいファン、例えば90mmでは5〜6枚がベストになる例もある。

⑤冷却ファン単体性能実験装置

　単体試験装置は、JIS B8330の空気槽を持つ。吸い出し送風機用であり、その一例を図2-29に示す。

・空気槽内の風速は2m/s以下にし、流速分布や動圧の影響を受けないようにして空気槽内の静圧を1点測定する。

・インサート部にファンシュラウドを装備すれば、シュラウドとのマッチングが確認できる。

・空気槽はスクリーン等があって抵抗が大きいので、風量の多い部分では補助送風機で風を送り測定する。

・動圧測定——空気槽前方のダクト内の動圧をピトー管で10点測定し、平均する（図2-30）。

・静圧測定——空気槽静圧測定管1点で測定する。

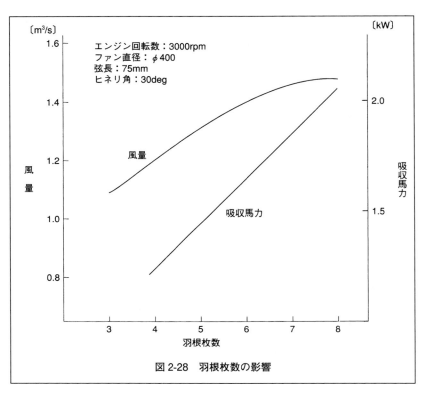

図 2-28　羽根枚数の影響

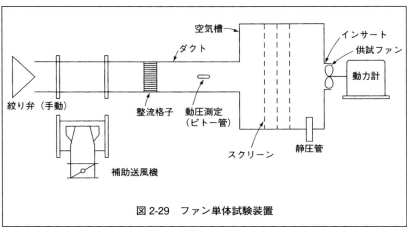

図 2-29　ファン単体試験装置

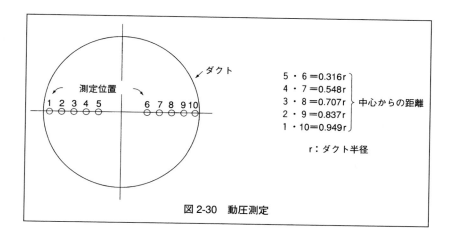

図 2-30　動圧測定

・計算式

$$Q = A \cdot V \ \text{〔m}^3/\text{s〕}$$

$$V = \sqrt{\frac{2g\,\overline{h}}{\gamma}} \ \text{〔m/s〕}$$

$$\eta_s = \frac{PS'}{PS} \times 100 \ \text{〔\%〕}$$

$$PS' = P_s \cdot Q \cdot 0.0098 \ \text{〔kW〕}$$

  Q ：風量 〔m^3/s〕

  A ：ダクト断面積 〔m^2〕

  V ：管内風速 〔m/s〕

  γ ：空気の単位体積重量 〔kg/m^3〕

  g ：重力加速度 〔9.8m/s^2〕

  $\overline{h}$ ：平均動圧 〔$\text{m}(\text{H}_2\text{O})$〕

  η_s：静圧効率 〔％〕

PS : 実測吸収馬力〔kW〕

PS' : 理論吸収馬力〔kW〕

P_s : 静圧〔m(H_2O)〕

(2) 車載時の冷却ファン性能

①冷却ファン駆動方式

エンジン直結ファン（リジッドファン）

　一般的には、クランクプーリからベルトによって駆動されるウォータポンププーリに冷却ファンが装備される（**図2-31**）。

　したがって、エンジン回転数に伴ってファン回転数も高くなり、高回転時のファン騒音が問題になるため、プーリ比（ウォータポンププーリ径／クランクプーリ径）を1.0以下にして対応する。しかし、この場合、高速、登坂時は冷却上有利になるので問題ないが、クーラやエアコンが装備されるようになって渋滞やアイドル時に風量不足になり、オーバヒートの原因になるので、現在ではほとんど使用されていない。

粘性カップリング駆動

　流体の粘性を利用して冷却ファンを駆動するものであり、流体の最大伝

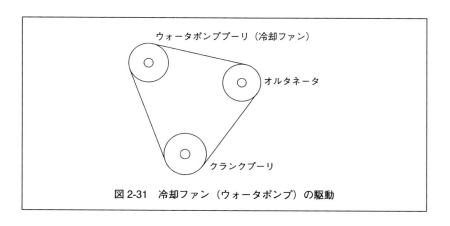

図 2-31　冷却ファン（ウォータポンプ）の駆動

達トルクと冷却ファンの吸収トルクのバランスで最高回転数が決まる。したがって、プーリ比を大きくしてエンジンが低回転時の冷却ファン回転数を高くし、渋滞走行、アイドリングでの冷却性能を向上できる一方、冷却ファンの最高回転数を抑えることができるのでファン騒音も低減できるメリットがある。エンジン駆動ファンの大部分が粘性カップリングを使用している。流体には、温度による粘度変化の少ないシリコーンオイルが使用されている。

<フルードカップリング（F/C）>

　シリコーンオイルの伝達可能トルクと冷却ファンの吸収トルクがバランスした回転数でスリップし、その回転以上にはならない。その構造と回転特性を示す（**図2-32、2-33**）。

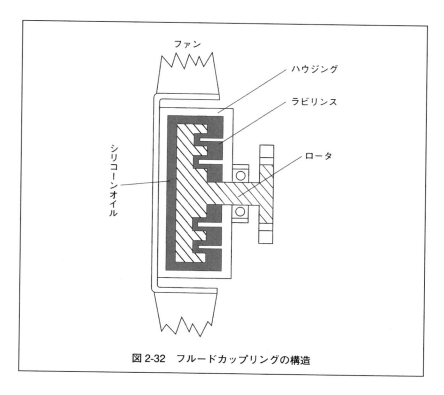

図 2-32　フルードカップリングの構造

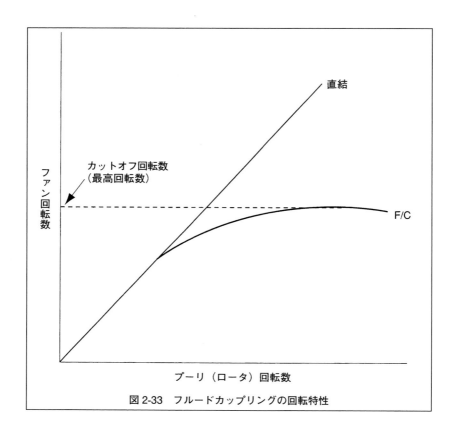

図 2-33　フルードカップリングの回転特性

　エンジン駆動ファンの最高回転数（カットオフ回転数）は、供試ファン
の吸収トルク、シリコーンオイルの粘度・封入量、ロータ径、ラビリンス
数、ハウジングとロータの間隙、等で決まる。また、ハウジングには、ス
リップによる自己発熱でシリコーン温度が高くなるのを防ぐため、冷却
フィンを設けている。ファンのカットオフ回転数は2000〜2500rpmが一般
的である。

＜温度感知式フルードカップリング＞

　ラジエータ通過空気温によってファン回転数を変えるもので、タイプと
してイートン型とシュヴィッツア型がある。

（a）イートン型カップリング（**図 2-34**）

　　シリコーンオイルは１室と２室に入っている。ロータが回転すると、２室内のシリコーンオイルは固定セキに当たって圧力が高くなり、排出孔から１室に流入する。この時、ラジエータ通過空気温が低いと、バイメタル（渦形）に直結したバルブが作動せず流入孔は閉じているので２室のシリコーンオイルは減少し、スリップ率が大きくなる（ファン回転数が低い－OFFと呼ぶ）。ラジエータ通過空気温が高くなるとバイメタルが回転し、バルブがスライドして流入孔が開き、シリコーンオイルが１室から２室に

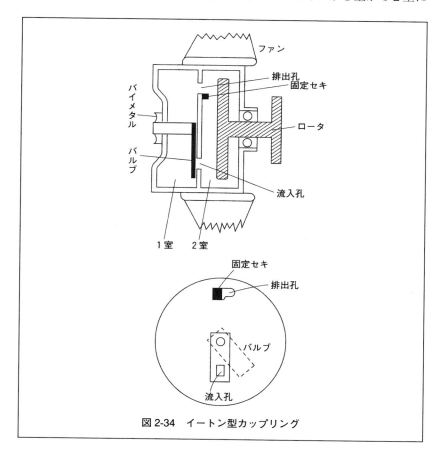

図 2-34　イートン型カップリング

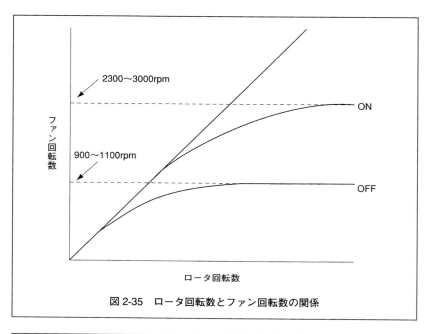

図 2-35　ロータ回転数とファン回転数の関係

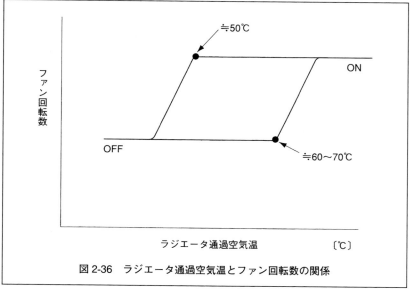

図 2-36　ラジエータ通過空気温とファン回転数の関係

戻って２室のシリコーンオイル量が増し、スリップ率が小さくなる（ファン回転数が高くなる－ONと呼ぶ。**図2-35、2-36**）。

（b）シュヴィッツア型カップリング

原理はイートン型と同じであるが、構造が異なる。**図2-37**に略図を示す。

イートン型と大きく異なる点は、セキが固定ではなく、移動式であること、また、流入孔が常時開いていることである。ラジエータ通過空気温が低い場合、板バネに固定されたセキが２室に突き出しており、セキに当たって圧力が高くなり、２室のシリコーンオイルは排出孔から１室に排出されるが、流入孔が開いているため、１室と２室を循環し、２室のシリコーンオイルは多くならずにスリップ率は増大する（OFFになる）。

また、ラジエータ通過空気温が高くなるとバイメタルが前方へ移動し、ピストンを介して押しつけられた板バネも前方へ移動するため、セキも１室に引っこむので２室のシリコーンオイルは排出されず、１室から２室へシリコーンオイルが流入する。したがって２室のシリコーンオイル量が増え、スリップ率は減少する（ONになる）。回転特性、作動特性はイートン型と同じである。

（C）車両装備状態のカップリングファン性能

カップリングファンは、主に低速時、アイドル時の風量アップを図るもので、ほとんどがファンシュラウド付きである。走行中のラジエータ前面風速は、高速になると頭打ちの傾向を示し、ファンが抵抗になるようにみえる。しかし、これはファンシュラウドとの組合せでこのような傾向を示すもので、シュラウドなしにすると、風速は増加している。

このようにシュラウドとの組合せに関しては、高速走行時に注意を要する（**図2-38**）。

（D）温度感知電制式フルードカップリング

電動ファンの発達と共にエアコンディショナ装着車のオーバヒートおよび騒音対策に活躍してきたフルードカップリングも徐々に電動ファンに移行して、近年は大型四輪駆動車に使用されているのみである。このフルー

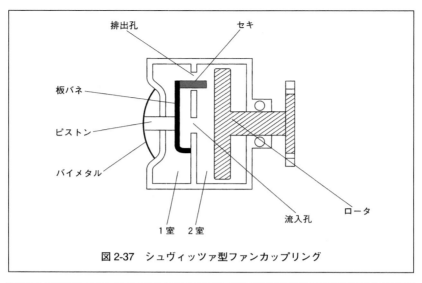

図 2-37　シュヴィッツァ型ファンカップリング

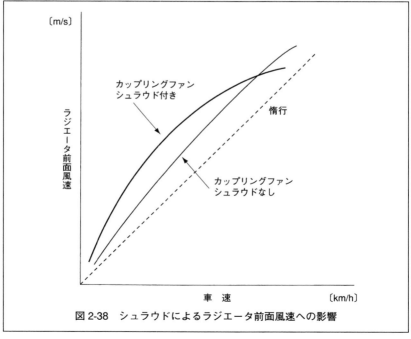

図 2-38　シュラウドによるラジエータ前面風速への影響

ドカップリングはラジエータ通過空気温ではなく、水温を感知してカップリングのシリコーンオイルの量をコンピュータで制御し、回転数を決めるものである。

電動ファン（Motor Fan）

　1970年頃、日産で初めてとなるフロントエンジン、フロントドライブ（FF車）の小型車両が開発された。エンジンは横向きに搭載されているために、当然エンジン駆動もファンも横向きになる。当初ラジエータもエンジン前方に装備し、タイヤハウスに通気口を設け、そこへ冷却風を排出する方法が考えられた。しかしそれはタイヤからのスプラッシュ（はね）による、ラジエータの目詰まりで走行風を利用できないため、ラジエータが大型化することで不採用、そこでFF車の先輩プジョー204を輸入した（もちろん冷却のためだけではない）。それを見るとラジエータは車両の前方、冷却ファンはエンジンの横に取り付けられて、長いVベルトで駆動されるようになっていて、特許申請もされていた（**図2-39**のA図）。

　そこで、**図2-39**のB図のようにラジエータの半分からダクトを設け、熱風をタイヤハウスに流す方法を考えた。ダクトの形状も何種類も作り、テストの結果、冷却性能を満足するダクトを完成させることができ、中東の真夏の砂漠（気温50〜53℃）の走行でも問題はなかった。

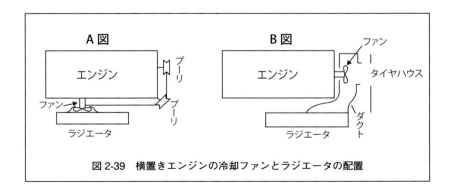

図 2-39　横置きエンジンの冷却ファンとラジエータの配置

生産移行する前に、当時の車外騒音規制の検査をしたところ、ファンの音がタイヤハウスから外部放出するために、車外騒音が不合格になった。そこで当時の日本ラヂエーター（後のカルソニックカンセイ〜マレリ）で生産していたプリントモータを車載用に改造しテストしたところ、モータの出力が小さいためファンも小さく、登坂時の冷却性能がやや苦しかったが、そのプリントモータを採用して生産された。この時のモータは60W程度であったが、自動車の冷却用に使用したのはこれが最初と思われる。

　そして最近ではモータ形式も新しいものができ、出力も大幅に向上して横置きエンジンだけではなく縦置きエンジンにも採用されるようになっている。

＜電動ファンの長所＞

・取り付け位置の自由度が高い。

・制御がしやすい。

・暖機時間が短縮する（暖機中にファンが作動しないため、エンジン駆動ファンのようにエンジン表面からの対流放熱量が少なく有利である）。

・電動ファンは回転数を制御できるので、渋滞、アイドリング時には有利である。

※冷却ファン用モータの種類

　参考までにマグネットモータと、上記の例で採用されたプリントモータの構造を比較したのが**表2-1**である。マグネットモータは出力を大きくすることはできるが、奥行きが長くエンジンとラジエータの間に装備される自動車用としては不適で使用できず、厚さが薄いプリントモータが採用された電動ファン装着車として初めて量産された。

　しかしエンジン出力の増大やエアコンディショナの普及等から、プリントモータで冷却ファンの大型化に対応するためには外径が大きくなりすぎ、それに代わってワイヤアンドモータが開発されたが、重量や大きさなどの制約が多く、あまり多くは使用されなかった。それと並行して検討されたブラシレスモータは出力も大きく、厚さも外径も大きくならず、今日

表 2-1　マグネット型モータとプリント型モータの比較

	マグネット型モータ	プリント型モータ
外形形状	円筒形 慣性大 	偏平 起動トルク大 部品点数小 放熱良好
磁力線の方向	 ・シャフトに対してラジアル方向 ・エアギャップは半径方向	 ・シャフトに対してスラスト方向 ・エアギャップもスラスト方向
磁石の形状・磁極数	 ・小型モータ（100W以下）はスロットと巻線，およびコンミテータ加工の都合で2極 ・磁石の使用効率は悪い ・加工は比較的簡単	 ・磁極数は自由に選べる。通常6～10極が多い ・極数が多いと，磁気エネルギーを有効に利用できるため，重量が軽くなる

電機子・アーマチュアの構造	コンミテータ ブラシ シャフト 導体 鉄心 スロット	導体 ブラシ
	・鉄心ロータの外周にあるスロットにコイルをおさめてある ・コイルの導線は，コンミテータへ接続している	・鉄心を必要としない。銅板に導体のパターンを刻み，2～4枚の間に絶縁物（マイカ）をはさんで接着し，内外周を溶接して接続する ・コンミテータは必要としない
導体	・エナメル線またはホルマール線を使用するが，コイルエンドの無効部分の電線が多くなる。また，コンミテータとコイルの接続が面倒である ・巻線による重量のアンバランスができるので，完成後にバランスを取り直す必要がある	・銅板にコイル形状を刻むので，同一形状のコイルを量産できる。また，無効部分導体は短く，合理的に作られている ・安定した製品（バランスの良い）ができる ・コンミテータを別に作る必要がない
故障箇所	・コンミテータの故障が多い ・放熱が悪く，オーバヒートしやすい ・軸受，シャフトの関係は安定している	・コンミテータの故障は，ほとんどない ・放熱が良い ・軸受のガタが出やすい ・騒音が出やすい
その他	・マグネットモータは，プリントモータに比べて径は小さいが長いため，取り付けスペースが大きい ・200～300Wの大出力も可能である	・プリントモータは，厚さは薄いが外径が大きくなるので，同径のファンを使用するとファンのボス径が大きくなり，ファンの羽根長さが短くなる ・大出力を得ようとすると，径が大きくなりすぎるため，出力は110W以下が多い

では主流となっている。

　これらの電動ファンとは別に、電動ではなくエンジンで駆動される油圧ポンプで発生した圧力を電磁弁で制御し油圧モータへ送りファンを駆動する、油圧駆動ファンが開発された。重量はモータに比べ軽く、出力も大きいものの価格が高く、一部のエンジンに採用されたが、現在では使われていない。

②ファンシュラウドの効果（図2-40、2-41、2-42）

　一般にファンシュラウドを装備すると、温度感知式フルードカップリングファンの場合、ラジエータ前面風速は、アイドリング時に20～30％増加し、水温も10～20℃低下すると言われている。その理由を下記に示す。

・ファン回転面に属さない部分の風速を増加させる（風速分布が小さくなる）。

・ファンとラジエータの間から吸い込む風がなくなる。

・ファン先端の巻き込みを防止し、ファン風量を増大させる。この場合、ファン自体の風量が増大するため、ファン回転面の風量も増加する

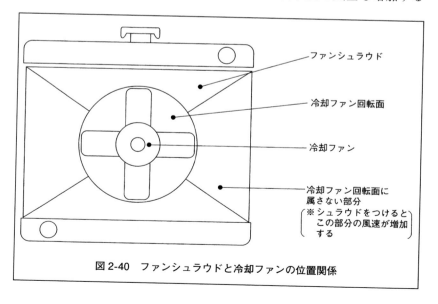

図2-40　ファンシュラウドと冷却ファンの位置関係

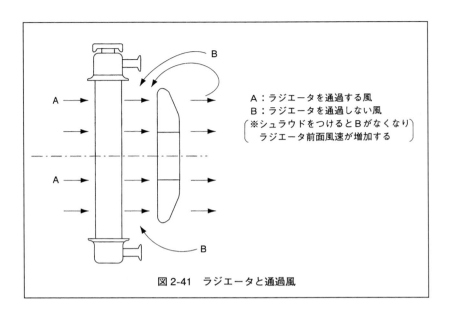

A：ラジエータを通過する風
B：ラジエータを通過しない風
（※シュラウドをつけるとBがなくなり
　ラジエータ前面風速が増加する）

図 2-41　ラジエータと通過風

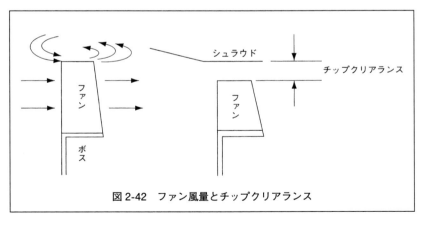

図 2-42　ファン風量とチップクリアランス

表 2-2　ファンシュラウドの有無と冷却水温の関係
（直列 6 気筒 2000cc エンジンの乗用車、外気 35℃）

	アイドリング	130km/h平坦路
シュラウド無	103℃	100℃
シュラウド有	89℃	107℃

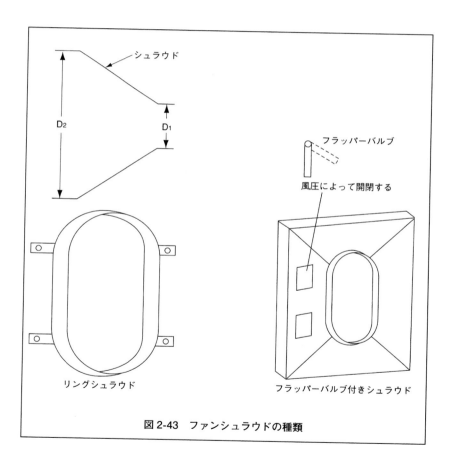

図 2-43　ファンシュラウドの種類

（チップクリアランスが関係する）。

以上のように、ファンシュラウドは冷却ファンによるラジエータ前面風速を増加させるために装備する。一般に、乗用車のような車両にファンシュラウドを装備するのは、アイドリングや渋滞走行等、走行風が期待できない条件でラジエータ前面風速を確保するためである。ファンシュラウドの有無で水温を比較した結果を**表2-2**に示す。

アイドリングではシュラウドを装備すると14℃も低下するが、130km/hでは逆に7℃も高くなる。シュラウドを装備すると、高速時にシュラウドなしより水温が高くなる傾向は、**図2-43**のようにD2/D1が大きいほど、また冷却ファン回転数が低いほど大きくなる。

電動ファンの場合、特にD2/D1が大きくなる傾向にあり、リングシュラウドやフラッパーバルブ付きシュラウドを採用した時期があったが、最近では電動ファンのモータ出力が向上して大きいファンが採用されるようになり、ラジエータの2/3ぐらいを覆う例が多い。また、電動ファンを2

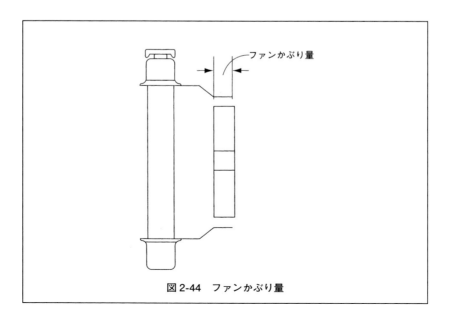

図 2-44　ファンかぶり量

98

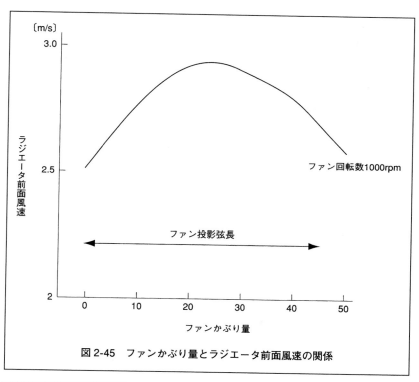

図 2-45　ファンかぶり量とラジエータ前面風速の関係

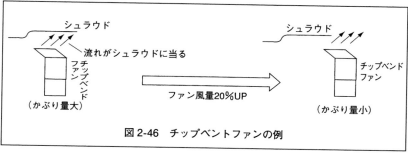

図 2-46　チップベントファンの例

個使用する等の方法で解決している。

　「ファンかぶり量」とラジエータ前面風速の関係の一例を**図2-44、2-45**に示す。

　この例の場合、1/2かぶり付近が最も良いが、この傾向はファンの特性によって異なる。特にファンの流れが遠心流れになっている場合、ファンはシュラウドにほとんどかぶっていない方が有利になる。その例としてチップベンドファンの場合を示す（**図2-46**）。

ファンシュラウドとファン先端の関係（チップクリアランス）

　一般に、ファンシュラウドはラジエータに装備されているので、エンジン駆動ファンの挙動が一致せず、チップクリアランスが小さいとファンとシュラウドが干渉するため、普通は20〜25mm以上確保されている。電動

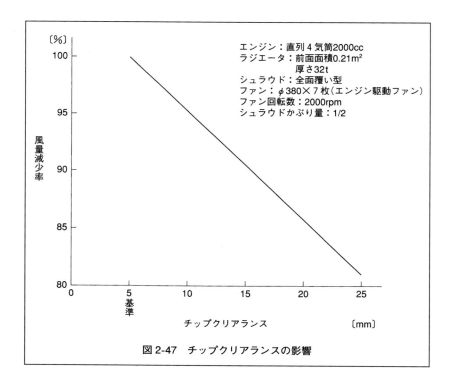

図2-47　チップクリアランスの影響

ファンはエンジンの挙動に関係しないので、3〜5mmのチップクリアランスになっている。

　チップクリアランスの影響を車載状態で調べた結果を**図2-47**に示すが、この図のようにチップクリアランスの影響は大きい。しかし、これはファン特性によっても変わる。特に、ファン後方気流が遠心流れになっているファンでは、チップクリアランスの影響は少ない。一般のファンでも、ファンにかかる抵抗が大きくなって遠心流れが出てくると、やはり、チップクリアランスの影響は少なくなる。

　以上のように、ファンシュラウドは、アイドル時や渋滞走行時には有効であるが、高速時には抵抗になることもあるので、注意が必要である。

③冷却ファン取り付け位置

ラジエータに対する冷却ファンの位置の影響

　エンジン駆動ファンでは位置を変えるのは難しいが、電動ファンでは取り付け位置を動かすことが可能である。電動ファンでラジエータに対するファンの位置を検討した一例を**図2-48**に示す。これはリングシュラウドの結果であるが、一般のシュラウドでも、その最適位置はあるはずで十分な検討が必要である。

ラジエータと冷却ファンの距離の影響

　図2-49に示すように、ファンシュラウドなしの場合、冷却ファンは極力ラジエータに近づけた方がラジエータと冷却ファンの間から吸い込む空気量が減少し、ラジエータ前面風速は増加する。しかし、ブレーキング時のエンジンの移動量等を考慮し、最小でも15〜20mmは確保するようにしている。シュラウド装備では、ラジエータと冷却ファンの距離を変えても、ラジエータ前面風速はほとんど変らない。

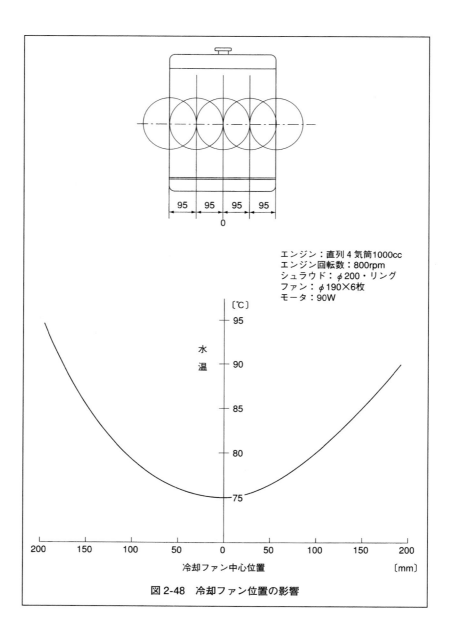

エンジン：直列4気筒1000cc
エンジン回転数：800rpm
シュラウド：φ200・リング
ファン：φ190×6枚
モータ：90W

図 2-48　冷却ファン位置の影響

102

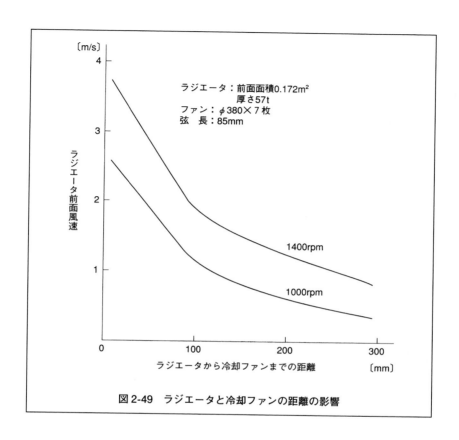

〔m/s〕

ラジエータ：前面面積0.172m²
　　　　　厚さ57t
ファン：φ380×7枚
弦　長：85mm

1400rpm

1000rpm

ラジエータ前面風速

ラジエータから冷却ファンまでの距離　〔mm〕

図2-49　ラジエータと冷却ファンの距離の影響

吸い込みファンと押し込みファンの比較

　エンジン駆動ファンは吸い込み型であるが、電動ファンの場合、取り付け位置も自由なので吸い込み、押し込みの両方に使用できる（**図2-50**）。

　図2-51のように、押し込み型ファンは吸い込み型ファンに比べて水温が全般的に高く、同一モータ出力では風量の少ないことを示している。この原因は、押し込み型ファンの風速分布にある（**図2-52**）。一般的に押し込み型ファンは、吸い込み型ファンに比べ風速が1～2割低下すると言われており、冷却性能では不利になる。現状では、押し込み型はほとんど使用されない。

電動ファンの組合せ

　電動ファンを2個使用した場合と、エンジン駆動ファンの組合せの例を示す（**図2-53**）。

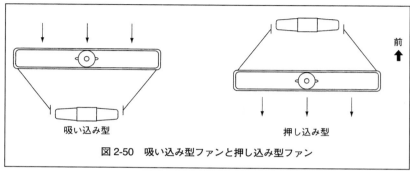

図 2-50　吸い込み型ファンと押し込み型ファン

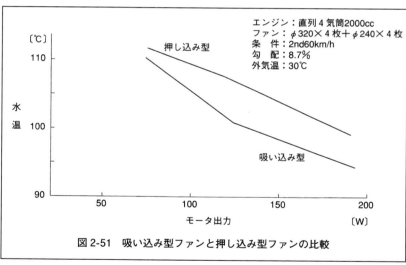

エンジン：直列4気筒2000cc
ファン：φ320×4枚＋φ240×4枚
条　件：2nd60km/h
勾　配：8.7%
外気温：30℃

図 2-51　吸い込み型ファンと押し込み型ファンの比較

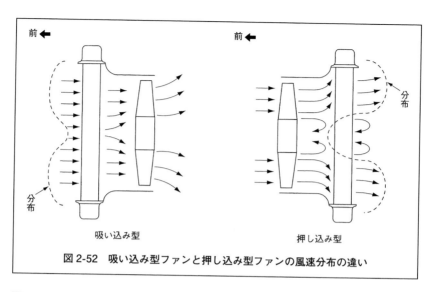

図 2-52　吸い込み型ファンと押し込み型ファンの風速分布の違い

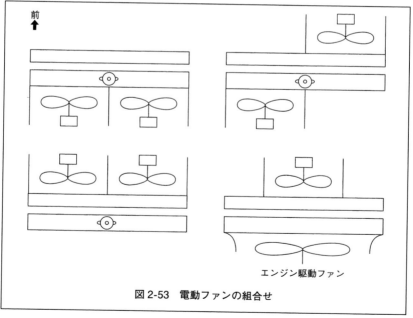

図 2-53　電動ファンの組合せ

一般に片方は水温検知で作動、もう一つはエアコンディショナのスイッチまたは圧力で作動する。

④**車載時の冷却ファン作動点**

　車載時の冷却ファン作動点は、**図2-54**のように、ファン特性の冷却系の抵抗をプロットすれば求められる。抵抗④は車両停止状態であり、その交点Aは停車時のファンのみの風量になる。走行すると、抵抗は走行風（ラム圧）分だけ下がり抵抗回になる。したがって走行中の作動点はCになり、走行したことにより@だけ風量は増加することになる。B点は走行風のみの風量になる。

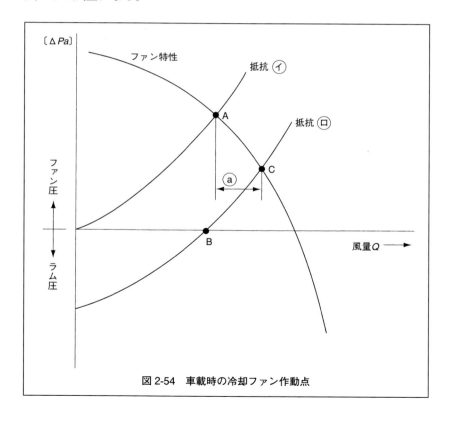

図2-54　車載時の冷却ファン作動点

106

⑤送風機の並列、直列運転について

　冷却ファンやウォータポンプを並列運転または直列運転して、単独運転の場合より性能アップを図ることがある。この方法はエンジンの冷却性能に関係しないが、参考として記す。

並列運転

　並列運転した場合の総合特性は、圧力ΔPaコンスタントの線で切ったそれぞれの流量を加えることによって得られる（**図2-55**）。

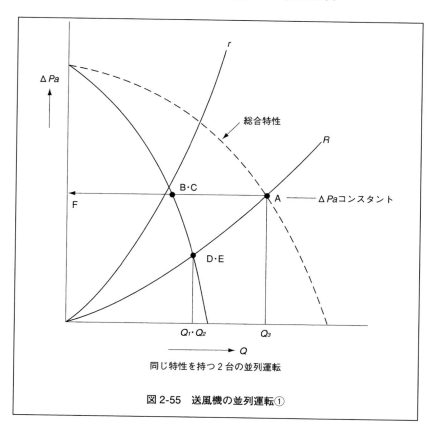

図2-55　送風機の並列運転①

異なった特性を持つ２台の並列運転を例にとると、Ⅱの送風機の流量B
とⅠの送風機の流量Cの和Aが並列運転の流量になり、これを任意のΔPa
コンスタントについて行っていけば、総合特性が得られる。特性が同じ場
合も同様である。

　今、送風機にかかる抵抗がRの場合、総合作動点はAで流量はQ_3にな
り、単独運転のQ_1、Q_2より増加するが、単独運転時の風量の和Q_1+Q_2より
は少ない。これは、各送風機（ウォータポンプ）は同じ圧力で作動（B、
C点）しているためである。

　並列運転で注意すべきは、抵抗が大きい（例えばrのような）場合、期

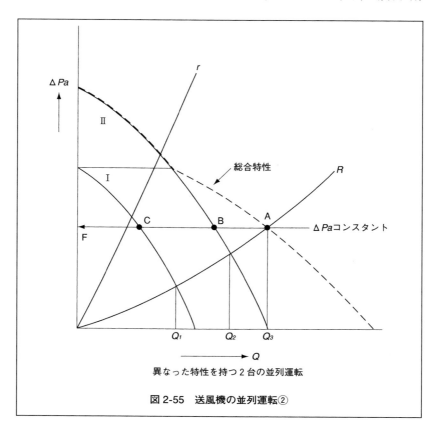

異なった特性を持つ２台の並列運転

図 2-55　送風機の並列運転②

108

待した風量が得られないことがある。特に異なった特性をもつ場合、Ⅰの送風機（ウォータポンプ）は何の役目もしていない。

　一般的には、並列運転は流量増加に適している。

直列運転

　次に直列運転の場合、流量一定の線で切った時の圧力の和が総合特性である（**図2−56**）。

　異なった特性を持つ2台の直列運転では、D・Eの流量一定の線で切り、DとEの圧力の和が総合特性である。もし、Rの抵抗が与えられたとしたら、直列運転時の流量はQ_3となり、単独運転時の流量$Q_1 Q_2$より増加する。しかし、H・Gの流量一定の線の場合、Ⅰの送風機の圧力は負になり、総合特性はFになる。直列運転したことにより、Ⅰの送風機が抵抗になって、Ⅱの送風機の単独運転より流量圧力共に減少する。同一特性の場合は、このようなことはない。

　直列運転で注意すべき点は、2台の送風機が近接していると、前方の送風機の出口側流れの乱れの影響を受け、初期の圧力が得られないことがあることである。しかし、このようなことがあるにせよ、直列運転は圧力増大を図る時には有利である。

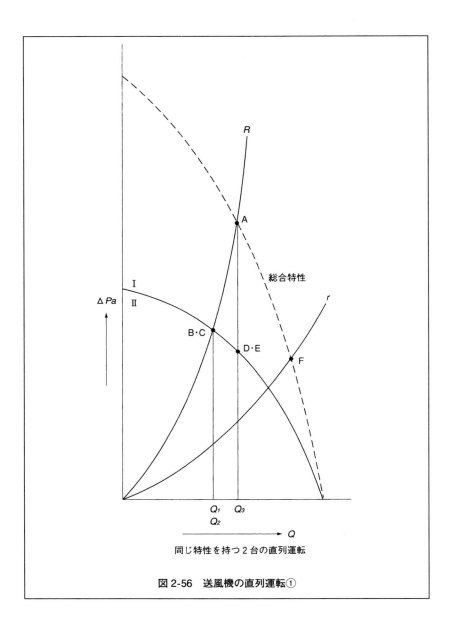

同じ特性を持つ2台の直列運転

図2-56　送風機の直列運転①

110

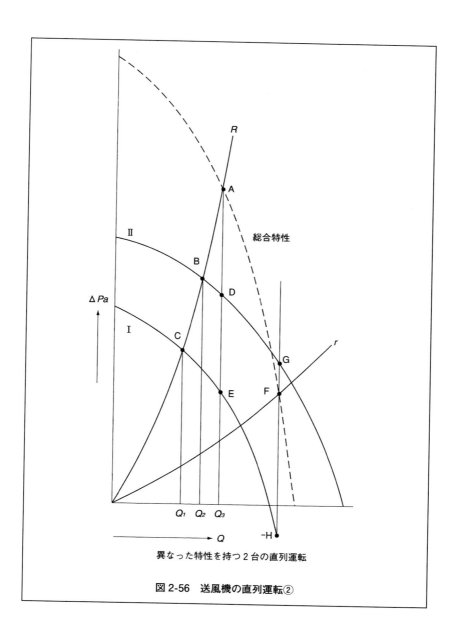

異なった特性を持つ2台の直列運転

図2-56　送風機の直列運転②

（3）冷却ファンまとめ

1．これまで行ってきた実験に使用した冷却ファンは樹脂製である。1960年代初期に使用されていた鋼板製冷却ファンは、エアコンディショナ等による冷却熱量増加に対応するため、ファン枚数を増加してきた。しかし重量増大や破損の危険性があり、今日では使用されていない。

2．樹脂製がゆえに**図2-21**に示すように、多様な形状の冷却ファンが試作されたが、実際に使用されたのは、初期では等ピッチファン、次が騒音低減を目的とした不等ピッチファンや、ファン先端を回転方向に突き出すファンである。現在使用されているのは、後者の回転方向に突き出すファンである。ファン先端を前方へ曲げたファンやガイドベーン付きファンは、一部のエンジンで使用されたが、現在では使用されていない。

3．風量増大には、ファン枚数を増やすより弦長を大きくするか外径を大きくするのが有効であり、ヒネリ角を大きくするのは、エンジン駆動ファンでは吸収馬力が大きくなるので有利とはいえない。

4．エンジン駆動ファンでは、低回転時の風量アップ、高速回転時の騒音の低減に温度感知式（空気感知）フルードカップリングが有効で、ほとんどのエンジンに採用されその効果は大きかったが、電動式ファンの進歩により、現状では横置きエンジンのみならず縦置きエンジンにも使用

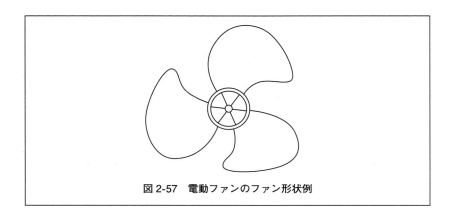

図 2-57　電動ファンのファン形状例

されるようになったため、温度感知式フルードカップリングは一部のエンジン（大型）に使用されるに至っている。

5．電動ファンは、取り付け位置の自由度が高く出力も大きくなり、電気自動車にも使用されている。

6．電動ファンには吸い込み型と差し込み型があるが、効率の良い吸い込み型が主流である。

7．一般的に冷却ファンは抵抗が大きくなると遠心流れ成分が発生し、ファンシュラウドが抵抗の後方が抵抗になる場合があるので、シュラウドのファンかぶり量は弦長の半分くらいが最適である。

8．電動ファンは近年、ファンシュラウドと一体になっているものが多く、ファンの形状も下図（**図2-57**）のように扇風機のようなものが多い。

2.1.3　ラジエータ

エンジンが冷却水に放熱した冷却水放熱量を冷却しなければ冷却水温が上昇し、それに伴いエンジン油温も高くなってエンジンは焼き付き（オーバヒート）に至る。この冷却水放熱量によって、上昇する水温を冷却するのがラジエータである。

ラジエータは、熱源と共に車両の冷却性能を決定づける大きな要因の一つである。

（1）ラジエータの種類
①プレートフィン型とコルゲートフィン型

ラジエータのフィンの種類には、プレートフィン型とコルゲートフィン型がある（**図2-58**）。

・プレートフィン型：プレートフィンに水管（チューブ）を貫通したもので、チューブ内を水が、外側を空気が流れる水管式構造になっている。

　したがって、熱はチューブ表面とプレートフィン表面に広がり放熱する。

　強度的に優れているため、建設機械等に多く使用されているが、自動車用には最近ほとんど使用されていない。

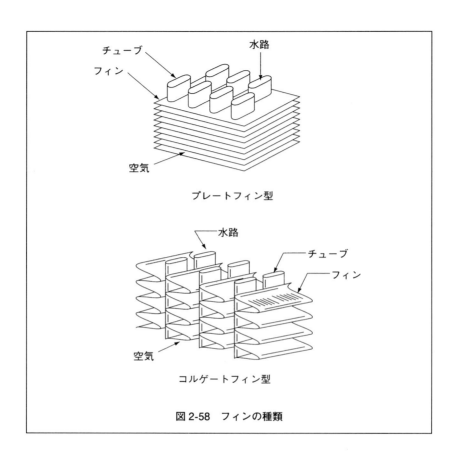

図 2-58 フィンの種類

・コルゲートフィン型：水管（チューブ）は直列であり、水管と水管の間
に波形のフィンがある。フィンにはルーバが切られている。プレート
フィンと同一放熱面積の場合、放熱量はやや多く大幅に小型化できる。
生産性にも優れているため、自動車用はほとんどがこの型である。

②ダウンフロー型とクロスフロー型

　ラジエータには、冷却液の流し方でダウンフロー型とクロスフロー型が
ある（図2-59）。

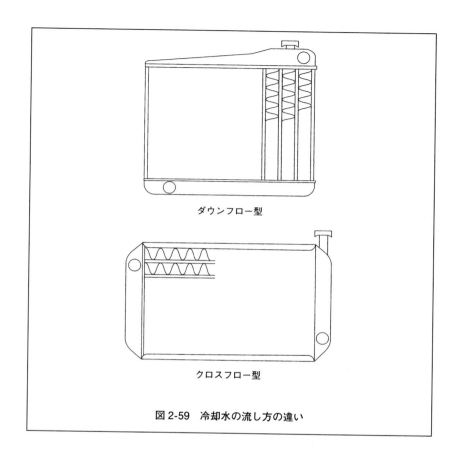

ダウンフロー型

クロスフロー型

図 2-59　冷却水の流し方の違い

・ダウンフロー型：アッパタンクからロアタンクへと鉛直方向に流すもの
　である。生産性および強度面からの制約を受けることが少なく、自動車
　用として広く使用されている。
・クロスフロー型：この型は、水平方向の寸法で放熱特性の大小に対応で
　きることから、エンジンルームを低くする上で有効である。最近では多
　く使用されはじめている。
　図2-60は、前面面積一定でコア幅とコア高さの縦横比を変えた際の放

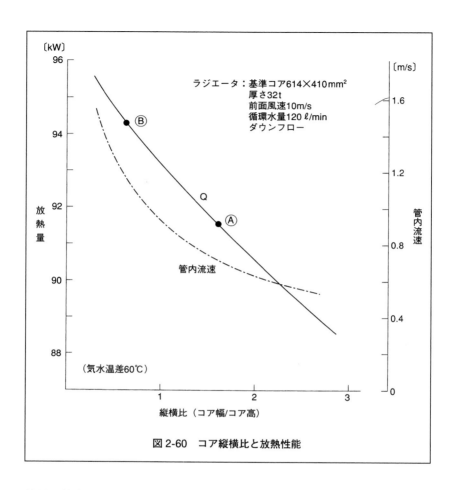

図 2-60　コア縦横比と放熱性能

熱量と管内流速を示してある。縦横比が小さくなるにしたがって放熱量が増加するのは、コア幅が狭くなると水管本数が減り、同一循環水量では、管内流速（チューブ内水流速）が増加するためである。

図2-60からダウンフローとクロスフローの放熱量を比較すると、仮に614mm×410mmサイズのダウンフロー型をクロスフロー型にしたとすれば410mm×640mmになる。したがって⒜がダウンフロー、⒝がクロスフローになりクロスフローの方が有利になるが、その差は３％であり、ほと

んど優位差はないと言える。

（2）ラジエータの材質と板厚

　ラジエータに使用されている材質には銅系とアルミ系がある。1960年以前には鉄製ラジエータもあったが、重く耐腐食性も悪く銅系製に変わった。銅系はアッパ・ロアタンクが黄銅製（63～35黄銅）チューブ、ラジエータのフィンは銅製である。このラジエータは比較的長く使用された。しかし腐食の問題やハンダの成分の鉛が公害につながることが問題になった。

　その頃からアルミ系ラジエータがアルミのロウ付け技術の向上により生産可能になり、アルミ系ラジエータが主流になってきた。当初はアッパ・ロアタンクが樹脂、ラジエータコアがアルミであったが、現在ではすべてアルミを使ったラジエータになっている。またそれに付随してエアコンディショナのコンデンサもアルミ化され、軽量化に寄与している。

　材質を銅からアルミに移行する際に、アルミは銅より熱伝導率が小さいため、ラジエータのフィンの板厚を銅より厚い0.115mm程度にした。しかし空気抵抗低減、フィン性能の向上等により、現在は銅と同じ0.05mmになっている。

（3）ラジエータ性能に影響する本体要因

①ラジエータ厚さ、フィンピッチの影響

　図2-61からもわかるように、放熱率はチューブ列数が多いほど（コア厚さが厚いほど）、またフィンピッチが小さいほど大きい。しかし、単位空気抵抗当たりの放熱率は、特にフィンピッチが小さい時にはチューブ列数1列が圧倒的に良く、次いで2列、3列の順になっている。よって1列チューブでチューブピッチ、フィンピッチを小さくして放熱率を大きくする方が有利になるので、現在の自動車ラジエータはチューブ1列が主流になっている。また、大容量エンジンにも対応できるようにさらにチューブピッチ、フィンピッチを小さくする傾向にあり、これがコスト低減、重量軽減に寄与している。

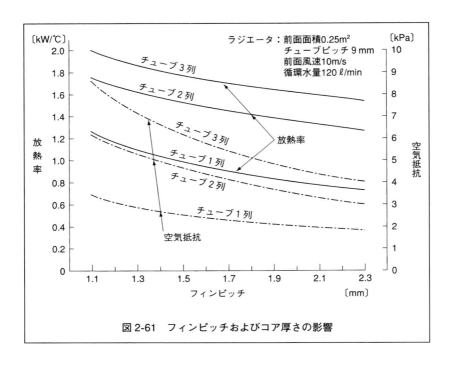

図2-61　フィンピッチおよびコア厚さの影響

②フィンルーバの影響

　フィンルーバはフィンに切られているもので、**図2-62**のような形状がある。ルーバがないと空気の流れが前縁にぶつかって別れ、それによってフィン効率は良くなるがその後はフィンに沿って流れるだけである。ルーバを設けると前縁がいくつもできたのと同じことになり、放熱量増加に寄与する。さらにルーバによって流れが乱れ、さらに放熱量が増加する。ルーバ付きラジエータは、ルーバなしに比べて放熱量が2～2.5倍になると言われており、その影響は大きい。

③ラジエータ前面風速の影響

　図2-63にラジエータ前面風速と放熱率の関係を示す。

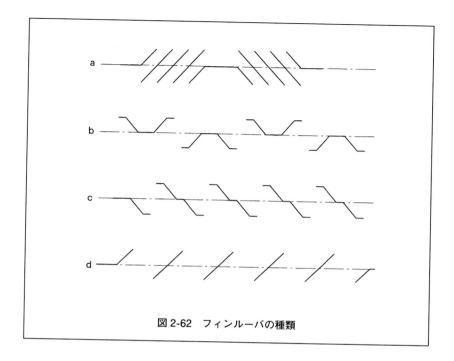

図 2-62 フィンルーバの種類

　放熱率はラジエータ前面風速に比例して増加する。これは風速が増す
と、コア内の流れが速くなり熱交換率が増加するのと、流れが混乱流にな
るためと考えられる。しかし、これにも限界があり、コアの種類によって
も異なるが、前面風速12〜13m/s以上では、放熱率の増加はあまり期待で
きない。また、前面風速2m/s以下では風速の影響は大きい。一般的に放
熱率は、風速の0.4〜0.43乗に比例する。

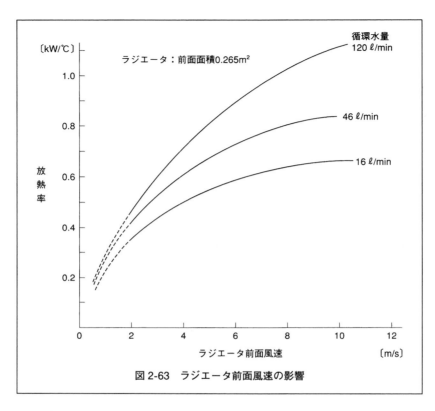

図 2-63　ラジエータ前面風速の影響

④ラジエータ風速分布の影響

　ラジエータを車載した場合、フロントグリルやバンパの影響でラジエータ前面風速に分布ができる。分布が大きい場合、その影響は小さくない。分布を小さくするグリル形状、開口率、バンパ形状の検討は大切である。分布の影響を**図2-64**に示す。

⑤循環水量の影響

　循環水量の影響をみる時、水管（チューブ）の総断面積で除した値、管内流速でみるのが一般的である。その一例を**図2-65**に示す。管内流速に比例して放熱率は増加するが、これは水管内の流れが混乱流になるからである。しかし、管内流速が1.0m/s以上では放熱率の増加は期待できない。

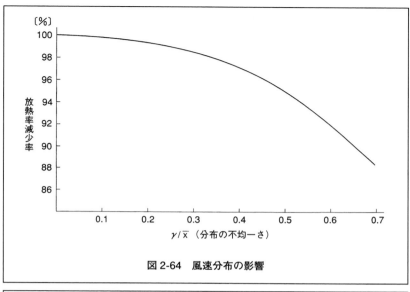

図 2-64　風速分布の影響

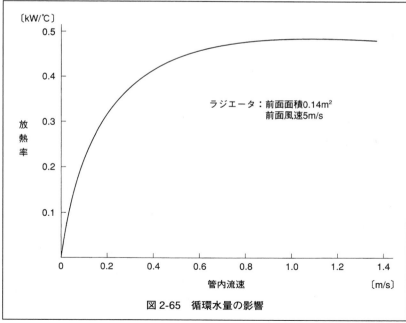

図 2-65　循環水量の影響

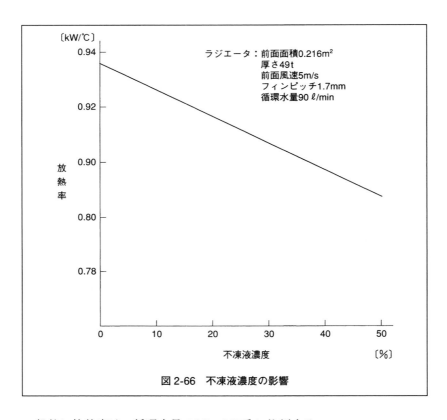

図2-66　不凍液濃度の影響

一般的に放熱率は、循環水量の0.2〜0.25乗に比例する。

⑥不凍液濃度の影響

　エンジンの冷却水放熱量の項でも説明したが、不凍液濃度が濃くなれば放熱率は減少する。これは不凍液の比熱に比例している。**図2-66**にその一例を示す。

⑦気泡混入の影響

　図2-67に、冷却液に気泡が混入した場合の一例を示す。影響はそれほど大きくない。車両の冷却系に混入している気泡率を測定するのは困難であるが、水温上昇と圧力の関係から推定するとリザーブタンク付きで2〜3％、リザーブタンクなしで5〜6％と推定される。

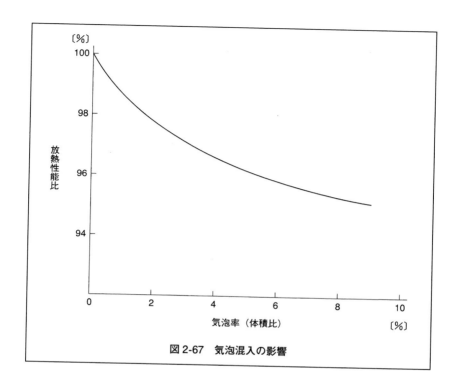

図 2-67　気泡混入の影響

（4）ラジエータ性能に影響する外的要因

　ラジエータの放熱量は、冷却水と空気の平均温度差$t_w - t_a$に比例する（**図2-68**）。平均温度差を大きくするには、水温を高くするか、空気温を低くするかである。

　ここで、t_w、t_aは、

$$t_W = \frac{t_{W1} + t_{W2}}{2}$$

$$t_a = \frac{t_{a1} + t_{a2}}{2}$$

である。

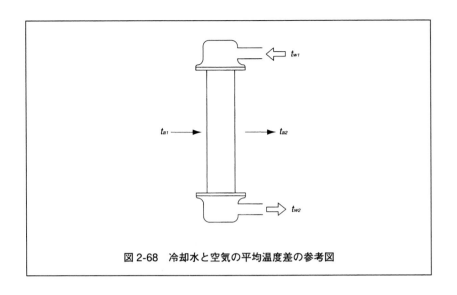

図 2-68　冷却水と空気の平均温度差の参考図

①水温

現在、ラジエータの調圧弁圧力は88.2kPaであり、その時の沸点は118℃
（清水）であるが、調圧弁圧力を高くして沸点を上げ、常用水温を高くす
るのは有効な手段である。常用水温を高くすると、ラジエータ放熱量が増
加する一方で、エンジンの燃焼室と水温の差が小さくなりエンジンの冷却
水放熱量も減少する。しかし、エンジンルーム内空気温が高くなるため、
部品温度に与える影響も少なくない。系統圧も高くなるので、それらの検
討も必要になる。

②空気温

平均空気温を下げるには、ラジエータ入口空気温t_{a1}を下げるのが有効で
あるが、外気温以下にすることはできない。むしろ、いかにして外気温に
近づけるかが問題である。ラジエータ入口空気温（t_{a1}）を高くする要因に
は、エンジンルーム内の熱気吹き返し、クーラコンデンサの放熱による温
度上昇がある。

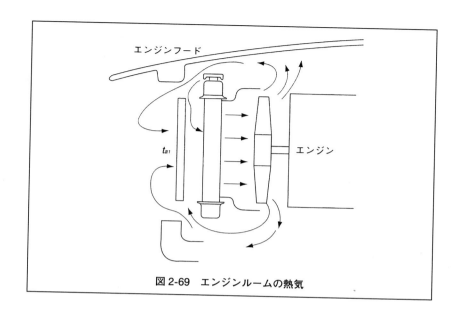

図2-69　エンジンルームの熱気

エンジンルーム内の熱気吹き返し

　図2-69のように、ラジエータを通過したエンジンルームの熱気がクーラコンデンサやラジエータの前面に吹き返す現象であり、特に走行風の少ないアイドリングや渋滞走行時に発生する。

　吹き返しの大小は、ラジエータコアサポートパネルとフードの隙間、ファンの特性、ファン後方抵抗等によって異なる。この熱気吹き返しによるラジエータまたはクーラコンデンサの前面空気温t_{a1}は、5～10℃外気温より高くなる。このため、現在は、熱気吹き返し防止対策がほとんどの車両で採用されている。

クーラコンデンサの放熱によるラジエータ入口空気温の上昇

　エアコンディショナの冷媒回路を**図2-70**に示す。エバポレータで冷媒が気化する際に周囲の空気を冷し、室内を冷却する。冷媒は低温低圧の気体になるが、クーラコンプレッサにて高温高圧の気体になる。この冷媒をクーラコンデンサで液化するが、その際にクーラコンデンサを通過した風

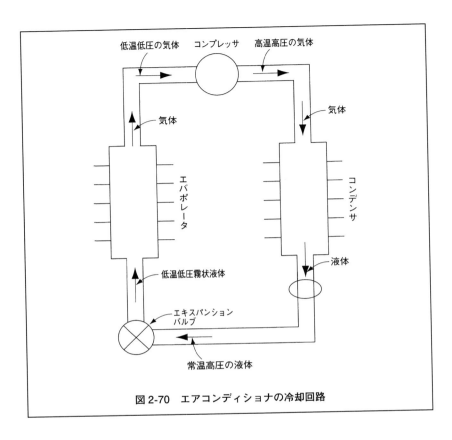

低温低圧の気体　　　コンプレッサ　　　高温高圧の気体

気体

気体

エバポレータ

コンデンサ

低温低圧霧状液体

液体

エキスパンション
バルブ

常温高圧の液体

図 2-70　エアコンディショナの冷却回路

は冷媒を冷却した分上昇し、ラジエータの前面空気温が高くなる。

　クーラコンデンサでの空気温上昇度合いは、ラジエータ前面風速と冷媒
圧力で決まる。**図2-71**にその一例を示す。アイドリング中と走行中に分け
てあるが、クーラコンデンサでの空気温上昇が大きいのはアイドリング中
であり、特に冷却ファンがエンジン駆動ファン（粘性カップリング付き）
の場合に大きく、20〜26℃も高くなる。電動ファンは風速が速いため、空
気温上昇は5〜9℃であり、走行中は3〜5℃の上昇である。したがって
ラジエータ入口空気温は高くなり、ラジエータ放熱量も減少して水温も上
昇する。

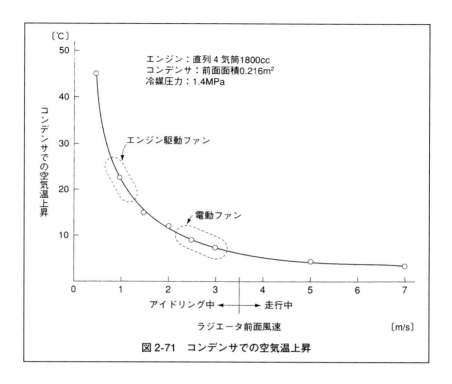

図 2-71　コンデンサでの空気温上昇

（5）計測・試験法

①台上単体試験法

　試験方法はJIS D1614に定められており、試験装置も**図2-72**の例が示されている（この装置を用いて、指定された水流量および前面風速において、水温を平衡状態にし、出入口水温、出入口空気温、水流量、空気流量、水側圧力損失、空気側圧力損失を測定する。

　ラジエータ放熱量は下式によって算出する。

　・水側放熱量Q_Wは、

$$Q_W = G_W \cdot C_P \cdot (T_{W1} - T_{W2}) \ [\mathrm{kW}]$$

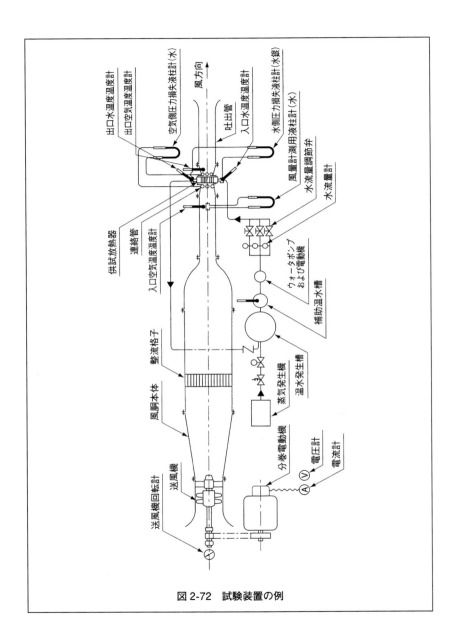

図 2-72　試験装置の例

128

G_W： 水流量〔kg/h〕

C_P ： 水の比熱〔kJ/(kg℃)〕

T_{W1}：入口水温〔℃〕

T_{W2}：出口水温〔℃〕

・空気側放熱量Q_aは、

$$Q_a = G_a \cdot C_{Pa}\,(T_{a2m} - T_{a1})\,〔kW〕$$

G_a ： 空気流量〔kg/h〕

C_{Pa} ： 空気の比熱〔kJ/(kg℃)〕

T_{a2m}： 平均出口空気温〔℃〕

T_{a1} ： 入口空気温〔℃〕

放熱量を測定する際、入口温度（$Tw_1 - Ta_1$）を60±10℃の範囲で測定し、入口温度差60℃に換算して表示する。

②水温推定法

一般に、ラジエータ放熱量をQ、ラジエータ放熱率をHとして、

$$Q = \cfrac{t_{W1} - t_{a1}}{\cfrac{1}{A \cdot K} + \cfrac{1}{2G_a \cdot C_{Pa}} + \cfrac{1}{2G_W \cdot C_P}} \quad 〔kW〕$$

$$H = \cfrac{1}{\cfrac{1}{A \cdot K} + \cfrac{1}{2G_a \cdot C_{Pa}} + \cfrac{1}{2G_W \cdot C_P}} \quad 〔kW/℃〕$$

$$\therefore Q = (t_{W1} - t_{a1}) \cdot H$$

水温が平衡状態にある時、エンジン冷却水放熱量Q_Eとラジエータ放熱量Qは等しいので、

$$Q_E = Q = (t_{W1} - t_{a1}) \cdot H$$

$$\therefore t_{W1} = \frac{Q_E}{H} + t_{a1}$$

t_{a1}は外気温ではなく、ラジエータ前面空気温にする。

③水温の外気温補正法

ラジエータ放熱量Qの式から、

$$\therefore t_{W1} = Q\left(\frac{1}{A \cdot K} + \frac{1}{2G_a \cdot C_{Pa}} + \frac{1}{2G_W \cdot C_P}\right) + t_{a1}$$

よって水流量（G_w）と風量（G_a）が一定で熱平衡を保っていれば、t_{w1}の変化Δt_{w1}はt_{a1}の変化Δt_{a1}と等しいので、

$$\Delta t_{w1} = \Delta t_{a1}$$

となり、大気温（ラジエータ前面空気温）がt_{a1}だけ変化すれば、平衡状態において水温t_{w1}もその分変化し、外気温補正ができる。したがって外気温補正を行う場合は流量一定にするため、サーモスタットリフト全開で行う必要がある。

(6) ラジエータまとめ

1. ラジエータの種類をフィン形式で分けると、プレートフィン、コルゲートフィンがあるが、現在はコルゲートフィンが主流である。

2. 水の流し方で分けるとダウンフローとクロスフロー（横流れ）がある。クロスフローでは高さを低くでき、チューブ長さを長く取れるため、チューブ本数が少なくできコスト低減にもつながることから、現状ではクロスフローが主流である。

3. ラジエータのコアの厚さはチューブの列数で決まる。銅ラジエータでは3列、2列が主流であったが、単位空気抵抗当たりの放熱量の多い1列が現在主流であり、コスト低減や重量軽減に寄与している。

4. 現在の材質は、アルミでありロウ付け技術の向上により、すべてアル

ミ製である。電動車に使用されているのはアルミ製のクロスフローラジエータである。

5. フィンルーバの効果は大きく、ルーバによって放熱量は2〜2.5倍になると言われている。

6. ラジエータ前面風速の影響は大きく、風速が速くなれば放熱量は増加するのは当然だが、それでも限界があるようで、ラジエータ内での流れの剥離等が発生し、放熱量は頭打ちになるようである。

7. ラジエータ前面風速の分布は小さいほど良い。

8. 冷却液に気泡が混入しても放熱量にはほとんど影響しないが、水ポンプのキャビテーションに対しては不利になる。

9. ラジエータ放熱量は入口温度差に比例する。ラジエータ前面の空気温が高くなるのは、特に低速走行アイドリング時であるが、エンジンルーム内の熱気吹き返し、クーラコンデンサの放熱が原因であり、現在では吹き返し防止策が十分に行われ、また電動ファンによる低速時の風量増大でこれらを防止している。

2.1.4 サーモスタット

冷却水路系に常時冷却水を流すとラジエータで放熱されて、水温は外気温度によって左右される。そうすると、エンジンにとっての適温を保持することができず、オーバクール状態になる。その結果、排気性能の低下、燃費の低下、ヒータが効かない等の弊害が出る。このようなオーバクールにならないよう、ラジエータに流れる冷却水をコントロールしてエンジン水温を適温に保ち、また暖機時間の短縮を図る役目をしているのが温度調整器すなわちサーモスタットである。

以前はベローズ型が使用されていたが、外圧に弱く水温上昇と共に水圧が高くなると開弁しなくなりオーバヒートに至るため、現在は外圧の影響の少ないワックス型が使用されている。

（1）サーモスタットの基本構造

　基本的な構造は、フランジ、フレーム、エレメント、バルブ、リターンスプリング、バイパスバルブから成っている（**図2-73**）。

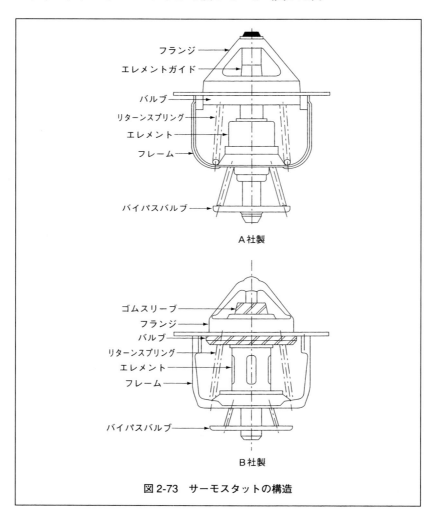

図 2-73　サーモスタットの構造

(2) サーモエレメントの構造

表2-3にA社、B社のサーモエレメントの構造、作動原理、特徴について記す。

表2-3　サーモエレメントの構造

	A 社	B 社
構　造	ゴムカバー／ピストン／ガイド／円板／ラバーピストン／流動体／ダイヤフラム／ワックスケース／ワックス	ピストン／ゴムスリーブ／ワックスケース／ワックス
作動原理	ワックスが外部熱（冷却水）を受けて膨張し、ダイヤフラムを圧迫して半流動体が体積移動する。それに伴い、ラバーピストン、円板と共にピストンも上昇する	ワックスが外部熱（冷却水）を受けて膨張してゴムスリーブが圧迫され、ピストンを絞り出すようにしてピストンにスラストを与え、上昇させる
特　徴	・ピストン伝達行程が直線的なため、応答性が良い ・バルブがガイドに固定されており、エレメントがバルブから離れているため、バルブからの熱伝達の影響が少ない ・エレメントをサイズアップすると軸方向に長くなるため、互換性を得にくい ・部品点数が多い	・ピストンを絞り出す構造のため、応答性が悪い ・バルブがエレメントに固定されているため、バルブからの熱伝達の影響を受けやすい ・ピストンとゴムスリーブの間に冷却水が入ると開弁が早くなる ・エレメントとバルブが一体のため、小型化しやすい ・部品点数が少ない

（3）サーモスタットの種類

　サーモスタットは、大きく分けてインライン型とボトムバイパス型がある（**図2-74**）。インライン型にはバイパス回路をふさぐ機能はなく、バイパスは常時流れている。また、バイパスのないエンジンにも使用されている。ボトムバイパス型は、サーモスタットが開弁するとバイパスバルブでバイパス回路を閉じてバイパス流量をラジエータへ流すため、インライン型よりラジエータ循環水量は増え、その分冷却性能も向上する。このほかにサイドバイパス型があるが、現在はほとんど使われていない。

　これまではサーモスタット単品で使用されてきたが、取り付け作業の簡素化、コスト低減を図るため、サーモスタットハウジングのキャップと一体化したキャップ一体型サーモスタット、さらにサーモスタットハウジングと一体型のサーモスタットが使用されている（**図2-75**）。いずれも小型化、ブリッジ廃止による水抵抗軽減につながり、さらにハウジングの材質も今まではアルミが使用されていたが、現在は樹脂製に代わっている。

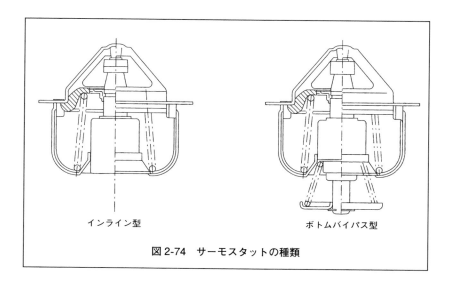

インライン型　　　　　　　　　ボトムバイパス型

図 2-74　サーモスタットの種類

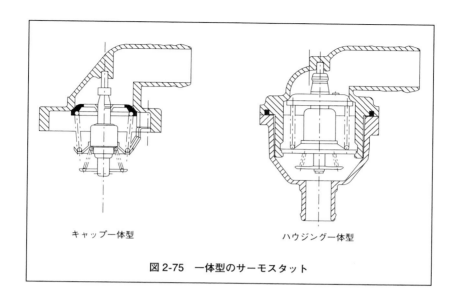

キャップ一体型　　　　　　　　　　　　　ハウジング一体型

図 2-75　一体型のサーモスタット

（4）サーモスタットの性能（表 2-4、図 2-76、2-77）

①サーモスタット出口制御方式

　これまで一般的に使われてきたもので、エンジン出口にサーモスタット
を装備する方式である。しかし、サーモスタットハウジング内での、バイ
パス流量によるミキシングが悪く、エレメントに当たる流れが少ないため
に開弁温度になっても開弁せず、開弁温度が高くなるオーバシュートが大
きくなる。また、開弁した時にラジエータの冷やされた冷却水が流れこん
で反応が遅れ、閉弁温度が低くなるアンダシュートも大きくなる。そして
その後の水温変化に追従しきれずハンチングも発生する。これらの問題に
対して、サーモスタット開弁時の流量を少なくして、オーバシュート、ア
ンダシュート、ハンチングを少なくする工夫がなされ、かなり改善され
たが、完全になくすことはできない（**図2-78**）。開弁温度は82℃が多いが
88℃もある。

表2-4　サーモスタット取り付け位置

	出口取り付け（出口制御）	入口取り付け（入口制御）
制御方式	T／STハウジング／バイパス／ラジエータ／W/P／ENG	バイパス／ラジエータ／W/P／ENG／T／STハウジング
冷却水の流れ	ENG→T／STハウジング→バイパス→W/P→ENG ラジエータ （暖機後）	ENG→バイパス→T／STハウジング→W/P→ENG ラジエータ （暖機後）
長所	・注水性が良い（冷却水を給水しやすい） ・キャビテーションが発生しにくい ・整備性が良い	・T／STハウジングでの冷却水のミキシングが良いため，オーバシュート，アンダシュート，ハンチングがほとんどない ・水流方向に開弁するため，耐久性に対して有利
短所	・オーバシュート，アンダシュート，ハンチングが発生しやすい ・水圧，水温の変動を受けやすく耐久性の面で不利	・キャビテーションが発生しやすい ・注水性が悪い（冷却水を給水しにくい。エア抜きが必要） ・整備性が悪い

（略語）ENG：エンジン　T／STハウジング：サーモスタットハウジング　W/P：ウォータポンプ

②サーモスタット入口制御方式

　サーモスタットをエンジン入口（ウォータポンプ入口）に装備したものである。これはサーモスタットハウジング内での冷却水のミキシングが良く、エレメントに冷却水がよく当たるため、サーモスタットの開弁遅れも

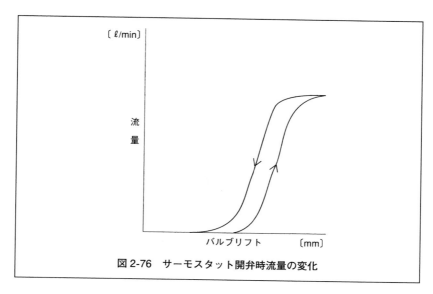

図 2-76　サーモスタット開弁時流量の変化

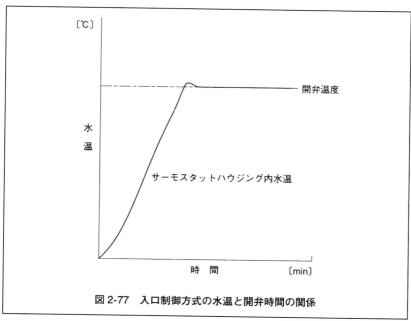

図 2-77　入口制御方式の水温と開弁時間の関係

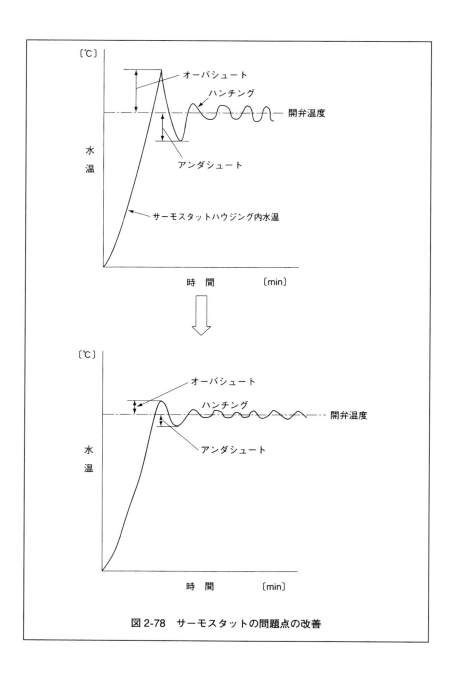

図 2-78　サーモスタットの問題点の改善

ほとんどなく、ハンチングもない。すなわち水温制御性が良いので、キャビテーションのリスクはあっても、現在ではほとんどが入口制御になりつつある。開弁温度は82℃である。

③リーク量

　サーモスタットのリーク（漏れ）量（**図2-79**）は、ゴムバルブの採用や空気抜き孔には振子弁（ジグル弁）を付ける等して、30～40cc/minに抑えている。したがって、サーモスタットからのリーク量によってエンジンがオーバクールになることはない。バルブに異物を噛みこんで一部全閉にならない場合には、オーバクールの可能性はあるが、確率は低い。参考までにリーク量と水温の関係を示すが、このリーク量でオーバクールになることはない。

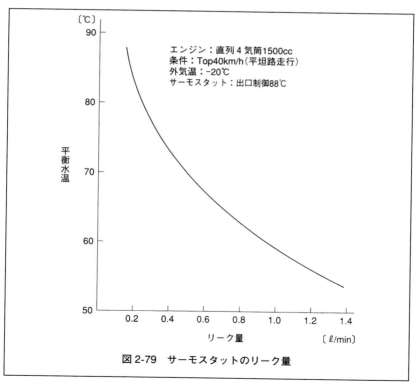

図 2-79　サーモスタットのリーク量

（5）サーモスタットまとめ

1．サーモスタットは、エンジンの水温を適温に制御するために装備する。

2．サーモスタットは、ワックスの膨張力を利用してバルブを開閉するものである。

3．サーモスタットにはインライン型、ボトムバイパス型があるが、現在はボトムバイパス型が主流である。

4．これまでは、サーモスタット単品で使用されてきたが、現在はハウジング一体型になり、水抵抗低減、コスト低減、作業性向上に寄与している。

5．取り付け位置は、当初はエンジン出口に装備した出口制御が主流であったが、現在は水温制御性の良い、エンジン入口に装備する入口制御方式が主流である。

2.2 通気率

2.2.1 フロントエンドの影響

一般的に通気率は下式にて示される。

$$通気率 = \frac{※ラジエータ前面風速〔m/s〕}{車速〔m/s〕} \times 100 \quad（※エンジン停止状態）$$

通気率が大きいほど車速風の利用率が高く、高速走行、一般走行で非常に有利になる。

通気率は、フロントグリルの冷却風通過面積および形状、フード先端形状、バンパ形状、エプロン形状、ラジエータ・クーラコンデンサの空気抵抗、エンシンルーム内抵抗等に影響される。一般的に通気率は10〜20％と言われている。

（1）フロントグリル開口率の影響

　フロントグリルは、その開口率｛（グリル開口面積／グリル面積）×100｝で通気率は変わるが、フロントグリル開口率と通気率の関係の一例を**図2-80**に示す。

　フロントグリル開口率の影響は非常に大きいが、フロントグリルの場合、開口率だけでなく、断面形状、バンパとの交互作用等によっても通気率は変わる。開口率を大きくすると、車両の空気抵抗も大きくなるので配慮が必要である。フロントグリルに関してごくおおざっぱに言えることは、整流格子のような役割をし、なおかつ、ラジエータに対して直角に風が流入するような形状が望ましい、ということである。

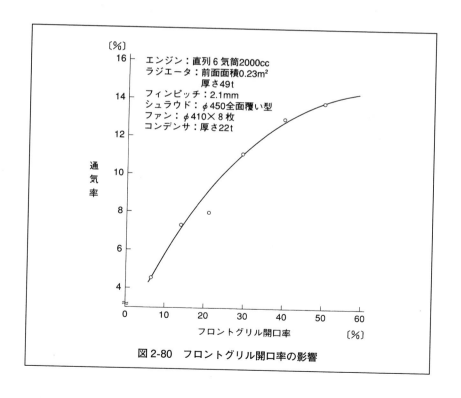

図2-80　フロントグリル開口率の影響

(2) バンパ形状の影響

バンパが通気率に及ぼす影響は大きい。その一例を**図2-81**に示す。バンパ形状とバンパ幅が影響し、一般的には⊂型＞＜型＞⊏型の順になる。したがって、バンパ断面には極力Rをつけるのが有利である。

バンパ幅が大きくなると、通気がバンパから剥離する幅が大きくなり、バンパ上下に流れのない空間が大きくなるのとバンパ後面に巻き込みが発生するため、通気率が小さくなる（**図2-82**）。まだ　グリル開口率が小さい場合、それを補うためにバンパに通気孔を設けることがあるが、最も効果があるのはバンパ前面の圧力が高くなる⊏型である。

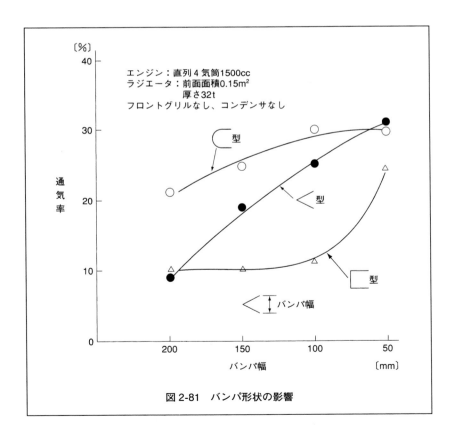

図 2-81　バンパ形状の影響

現在のフロントエンドは、バンパがフロントグリルの一部として扱われ、大きさも格段に大きくなっていることもあって、バンパに開口部が設けられている場合が多い（**図2-83**）。大きく分けると、フロントグリルの開口面積を小さくし、バンパの開口部を大きくする場合と、フロントグリルの開口面積を大きくし、バンパの開口面積を小さくする場合がある。どちらを選ぶかはスタイリングによる。

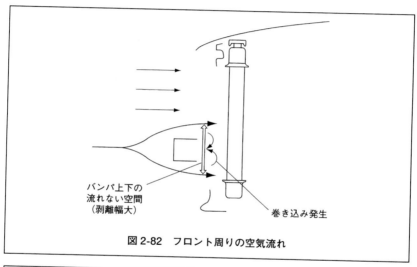

図 2-82　フロント周りの空気流れ

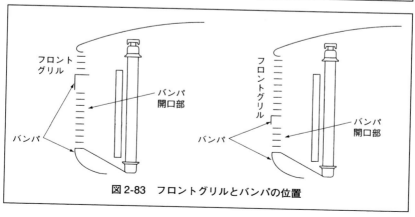

図 2-83　フロントグリルとバンパの位置

（3）エンジンフード（ボンネット）先端の影響

バンパに対するエンジンフード先端位置の影響を2次元風洞で調べると、ラジエータに入る流線の幅は、エンジンフード先端がバンパに近くなるにつれ大きくなる（図2-84、2-85）。これは、エンジンフードを前方へ出すことによって、エンジンフードの上面へ流れていた風をラジエータ側にガイドするためである。また、エンジンフード先端形状によっても変わると思われるが、スタイリングの制約もあって、エンジンフードの位置、形状の選択は難しい。

（4）エプロン形状の影響

図2-86にエプロンの影響を示してある。この結果では、a×bが大きくなるほど通気率は良くなり効果的である。これはバンパから剥離した流れやバンパ下の流れをラジエータ方向へガイドしているためである。このようにエプロンはa×bを大きくするほど有利であるが、アプローチアングルやデザインの問題もあって制約が多く、現実的にはそれほど大きくできないのが現実である。また、最近では、バンパの幅を大きくしてバンパに開口部を設けたり、バンパとラジエータの間にアンダカバーを設ける等、エプロンは減少している。

（5）ラジエータ空気抵抗の影響

ラジエータの空気抵抗を変えて通気率を測定したデータが少なく、定量的なことは言えないが、定説的には図2-87のようになる。

- Ⓐゾーンはラジエータのチューブピッチ、フィンピッチが大きく抵抗が小さい。
- Ⓑゾーンはラジエータのチューブピッチ、フィンピッチは一般的で、現在よく使用されている。
- Ⓒゾーンは、例えばコア厚さが厚く、チューブピッチ、フィンピッチが小さく、抵抗が極度に大きい。

一般的にはⒷゾーンにあると思われる。

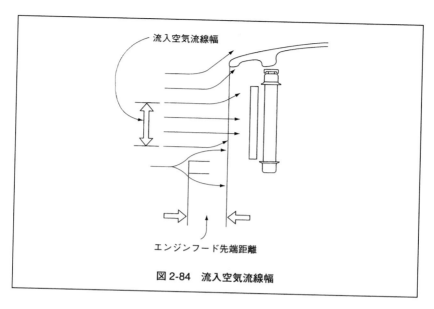

図 2-84　流入空気流線幅

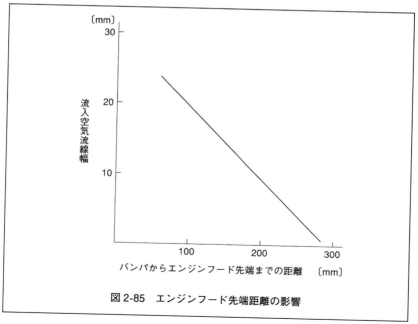

図 2-85　エンジンフード先端距離の影響

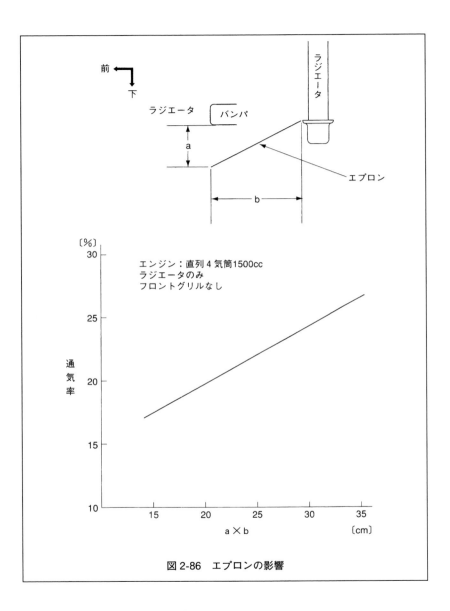

図 2-86　エプロンの影響

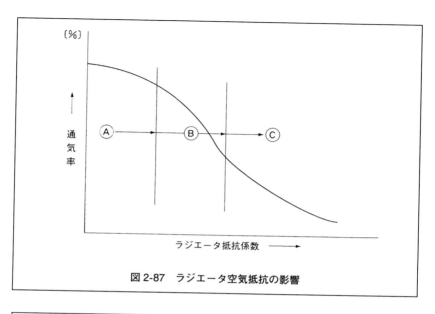

図 2-87　ラジエータ空気抵抗の影響

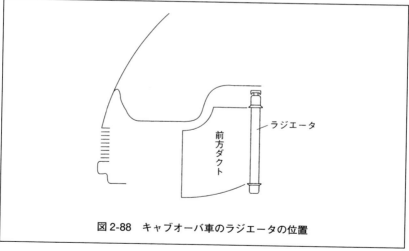

図 2-88　キャブオーバ車のラジエータの位置

(6) キャブオーバ車の場合

　キャブオーバ車ではその構造上、フロントグリルからラジエータまでの距離が長いため、エアガイドプレートとエンジンルーム内の熱気吹き返し防止を兼ねた前方ダクトが設けられ、効果は大きい（**図2-88**）。しかし、最近では、ラジエータをフロントグリルの近くに装備して電動ファンで冷却するようになっているため、エアガイドプレートまたは前方ダクトの使用は少なくなくなっている。

2.2.2　エンジンルームの影響

　エンジンルーム内の通気抵抗はあまり注目されないが、エンジンルーム内の抵抗が大きくなればエンジンルーム内の内圧が高くなり、エンジンルーム内の空気が排出されにくくなってラジエータ前面風速も低下する。したがってエンジンルーム内の抵抗を小さくして、空気の流れを良くする努力が必要になる。

(1) エンジン容積比の影響

　エンジンルーム内の抵抗（通気性）は、エンジン容積とエンジンルーム容積の比にも影響される。その一例を**図2-89**に示す。

　エンジン容積比は小さいほど良いが、実際はエンジンの大きさにあったエンジンルームの大きさにするのが普通である。しかし、最近はエンジンの大きさに対するエンジンルームの大きさにそれほどの余裕はない。容積比は0.5前後と思われる。

　また、ラジエータ前面風速は容積比だけではなく、ラジエータの抵抗、ラジエータ取り付け部の開口面積にも影響される。

(2) ラジエータ後面とエンジンとの間隙の影響

　図2-90に示すように、ラジエータ後面とエンジンとの間隙の影響は比較的大きい。エンジンルームの大きさに制限はあるが200〜300mmの間隙を取るのが望ましい。

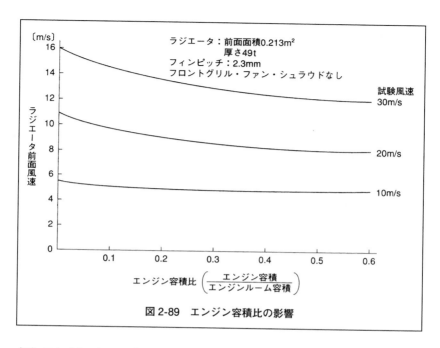

ラジエータ：前面面積0.213m²
厚さ49t
フィンピッチ：2.3mm
フロントグリル・ファン・シュラウドなし

試験風速
30m/s

20m/s

10m/s

エンジン容積比 $\left(\dfrac{\text{エンジン容積}}{\text{エンジンルーム容積}} \right)$

図2-89　エンジン容積比の影響

（3）エンジンルーム内の空気の抜け方

エンジンルーム内に入った風は、ダッシュボード下部、タイヤハウス下部、フレーム面から外部へ流出するが、この中で最も影響が大きいのはフレーム面である。一方、騒音対策、スプラッシュ対策でアンダカバーが装備され、通気に対するその影響は大きいが、アンダカバー下面の流れを良くして吸い出し効果を狙う等、アンダカバーの形状を工夫してエンジンルーム内の抵抗を減少させるのも一手段である。

（4）ラジエータコアサポートパネル通気孔の影響

通気率には関係しないが、ラジエータコアサポートパネルの通気孔には、走行中のエンジンルーム内雰囲気温度を低下させる効果がある（**図2-91**）。例えば130km/hで走行中なら、エンジンルーム内雰囲気温度を6〜10℃低下させることができる。これはエンジン部品温度低下にも効果があるので、必要に応じて設けるべきであろう。

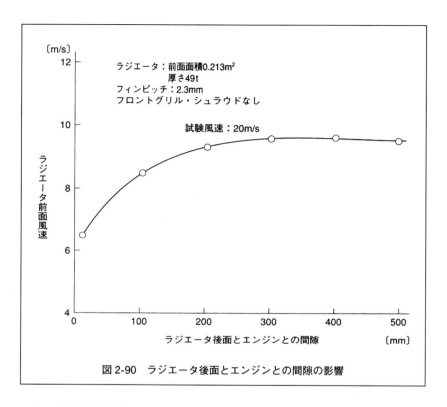

図2-90　ラジエータ後面とエンジンとの間隙の影響

2.2.3　通気率まとめ

1．通気率は車速風の利用率を表わしたものであり、通気率が大きいほど
　車速風の利用率が大きいことを示しているが、一般的な値は10〜20％で
　ある。

2．フロントグリルの開口面積が大きいほど通気率は大きくなるが、開口
　面積だけでなくグリルの断面形状、バンパとの交互作用にも影響され
　る。

3．バンパ形状は半円形が有効である。またバンパ幅にも影響される。
　　バンパに通気孔を設けるなら、断面形状は角形が有効である（バンパ
　前面の圧力が高くなる）。

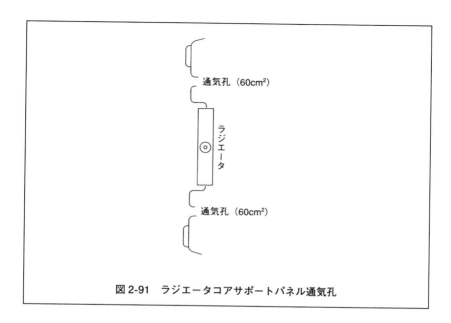

図2-91　ラジエータコアサポートパネル通気孔

4．現状のバンパはフロントグリルの一部になっていて大型になっている。断面形状も角形に近く、大きな通気孔が設けられて通気率向上に寄与している。

5．エンジンフード（ボンネット）先端は極力バンパに近づけた方が有利であるが、デザイン上の問題から、現状ではフード先端はバンパに接近している。

6．従来は、ラジエータロアタンクからバンパ下方に向けてエプロンを出し、冷却風をすくい取って効果を上げていたが、現状ではほとんど使用されなくなっている。

7．エンジン容積比（エンジン容積／エンジンルーム容積）は小さいほど有利であるが、エンジンルームを大きくすることはスタイリングの問題も含めてあまり期待できず、通常エンジン容積比は0.5前後である。

8．ラジエータ後面とエンジンとの間隙は、200～300mmがベストと考えられる。

第**3**章
熱発生源に影響する要素

3.1 車両諸元

　車両諸元は範囲が広いが、熱発生源に影響する要素の主なものは、走行抵抗ギヤ比（ミッション、ディファレンシャルギヤ）、ミッション形式等である。

3.1.1 走行抵抗の影響

　車両が走行する際の車両にかかる抵抗は、一般に次式にて示される。
　車両にかかる全抵抗をRとして、

$$R = R_r + R_a + R_g + R_i \ (\mathrm{kg})$$

$$R_r = \mu_r \cdot W \ （転がり抵抗）$$

$$R_a = C_D \frac{\rho}{2} \cdot A \cdot V^2 \ （空気抵抗）$$

$$R_g = W \cdot \sin\theta \ \ （勾配抵抗）$$

$$R_i = (W + \Delta W) \cdot \frac{\alpha}{g} \quad (\text{加速抵抗})$$

μ_r　：転がり抵抗係数

W　：車両重量〔kg〕

C_D　：空気抵抗係数

ρ　：空気密度〔kg/cm³〕

A　：前面投影面積〔m²〕

V　：車速〔km/h〕

θ　：路面の傾斜角

ΔW：回転部分相当重量〔kg〕

α　：自動車の加速度〔m/s²〕

　冷却性能評価は、平坦路を車速一定で走行している時、また、登坂路を車速一定で走行している時の、それぞれの平衡水温で行っている例が多い。そのため、加速抵抗は関係しない。

　したがって、平坦路では、

$$R_1 = \mu_r \cdot W \cdot C_D \cdot \frac{\rho}{2} \cdot A \cdot V^2$$

　登坂路では、

$$R_2 = \mu_r \cdot W \cdot C_D \cdot \frac{\rho}{2} \cdot A \cdot V^2 \cdot \sin\theta$$

　の2項目が関係する。

車両がある車速で定速走行する場合、その車速の走行抵抗に相当するエンジン駆動力を必要とするので、走行抵抗が大きく（車速が速く）なるほどエンジン駆動力も大きくなり（エンジン負荷が増す）、当然、油水温も高くなる。

　登坂では、登坂勾配が大きくなるほどエンジン負荷は大きくなり、油水温は高くなる。一方、車両重量の影響も大きく、同一登坂勾配の場合、車

両重量が重いほど、アクセル開度が全開に近くなり、当然、油水温は高くなる。また、最高速度に関しては、走行抵抗が増すと最高速度が低下し、エンジン回転数が下がって油水温が低下することがあるので、正規重量より空車の方が最高速度が上がる（エンジン回転数が高くなる）ので評価には適していると思われる。

3.1.2 トランスミッション形式の影響

トランスミッションには、マニュアルトランスミッション（MT）、オートマチックトランスミッション（AT）、無段変速機（CVT）などがある。ATには一部にロックアップクラッチが付いている。MTとAT（ロックアップなし）の水温を比較した例を**図3-1**に示す。

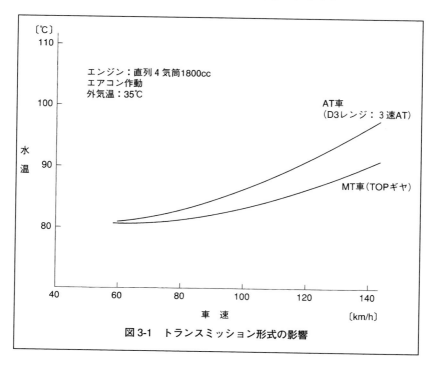

図 3-1　トランスミッション形式の影響

AT車はMT車と比べ、トルコンの滑りによりエンジン回転数が高いの
とATオイルを冷却水で冷却しているため、4〜6℃ほど冷却水温が高
い。しかし、ロックアップクラッチ付きのAT車では、MT車とほぼ同じ
になる。

　CVTは、エンジン回転数が走行負荷によって変わるため、160km/h程
度までの負荷ではエンジン回転数も低く、水温もMT車より低いが、最高
速付近では負荷が大きくなり、アクセル開度も大きくなってエンジン回転
数が高くなり、MT車に比べて水温は高くなる。

　登坂では勾配が変化するため、AT車ではロックアップクラッチがつな
がったり切れたりする。また変速も3速と4速のギヤチェンジを繰り返す
ため、エンジン回転数が高くなって水温も高くなる。また、CVTでも勾
配によって負荷が大きくなり、アクセル開度が大きくなってエンジン回転
数が高くなるので水温も高くなる。特にトレーラけん引ではその傾向が著
しい。

3.1.3　最終減速比の影響

　最終減速比（ファイナルレシオ）が変わると、当然同一車速でもエンジ
ン回転数が違ってくる。したがって、同一車速でエンジン駆動馬力が同じ
でも、エンジン回転数が違ってくるため、油水温も変わる。

　一例として、同一出力時にエンジン回転数を変えた時の冷却水放熱量を
図3-2に示す。図からわかるように、同一出力でも回転数が高いほど、放
熱量が増大している。したがって、最終減速比が大きいほど放熱量は増加
し、その結果、水温は高くなる。

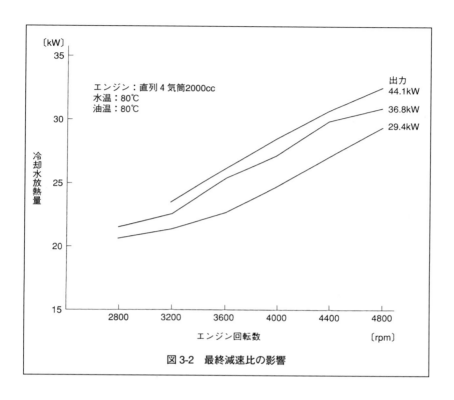

図 3-2　最終減速比の影響

3.2　使用環境条件

3.2.1　気象条件

（1）外気温

　外気温 −40℃ の極寒から 50～60℃ の極熱までの条件下でも、エンジンは適温を保つことが要求される。そのほか、ヒータ性能、エアコン性能的にも条件を満たすことが要求される。

（2）湿度

　直接冷却性能に影響することは少ないが、湿度によってエアコン負荷が

変わるので、その分、冷却性能に影響することがある。

（3）日射

　日射量は地域によって変わる。世界的に見れば、中東等は日射量が大きい。冷却性能に直接影響することは少ないが、日射量によってエアコン負荷が変わるので、それにより冷却性能にも影響することがある。

（4）路面輻射

　真夏のアスファルト路面等は、路面輻射熱により、路面より1〜2mの高さまで外気温より5℃前後高くなるので、特に渋滞走行では冷却性能に影響する。

（5）気圧

　高度が高くなれば気圧も低くなり、冷却液の沸点も低下するので冷却性能にとって厳しくなるが、気温も低下するので相殺される。ただし、気圧が下がれば空気密度も小さくなるので、エンジンの吸入空気重量が減少してエンジン性能が低下し、冷却性能にも影響する。

（6）外気風

　外気風の影響は大きい。特に追い風では追い風に相当する分、ラジエータ前面風速が減少するので冷却性能は低下する。例えば、日本にはあまりないかもしれないが、砂漠地帯の一本道では連続追い風走行の機会が多いので、冷却性能を考えるときは考慮に入れておく必要がある。また、アイドリング状態での放置や渋滞走行でも追い風の影響は大きいので、確認しておく必要はある。

3.2.2　その他の影響

（1）登坂路の影響

　登坂試験はシャシダイナモで行うことが多いが、最終確認のため、実際の登坂路で実験する場合がある。関東周辺では箱根ターンパイクが一般に知られている。関西方面では六甲山が一般的である。箱根ターンパイクは勾配8〜10%、距離10kmであり、コーナが少なく高速登坂試験が可能で

ある。一方、六甲山は勾配5～10％で、コーナが多く加減速が激しい。冷却性能への負荷はほぼ同等である。アメリカではベーカーグレードに代表されるようにコーナがない直線的なダラダラ坂が多く、高速登坂になるため冷却性能的に厳しい。欧州は日本と同傾向である。

（2）慣らし運転の影響

慣らし運転の影響はエンジン側と車両側に分けられる。

エンジン側は、主に摺動部分のなじみが問題であり、慣らし運転が十分にされていないと、エンジンの摩擦馬力が大きくなって燃費も悪いため、冷却性能は悪くなる。車両側はトランスミッション、ディファレンシャル、ベアリング等の回転部分のなじみが問題であり、慣らし運転がされていないと転がり抵抗が大きいため、その分エンジン負荷が増して冷却性能に影響する。

図3-3に示すように、慣らし運転2000kmで油温6℃、水温3℃、それぞれ低下し、慣らし運転3000kmで油水温共に安定する。

（3）前方走行車両の影響

登坂中の前方走行車両がバスの場合、排気ガスの熱の影響を受けることがある。また、渋滞走行中は周りの車両のエンジンルームから排出される熱気のため、外気温より雰囲気温度が高くなるので、渋滞試験は一般条件より高い温度で試験すべきであろう。

（4）運転条件

日本では、高速走行と言っても高速道路の法定速度は100km/h程度（余裕をみても130km/h程度と考えて良い）、登坂ではコーナが多いので30～60km/hである。使用ギヤは高速ではODレンジ、登坂ではD2～D3レンジが多い（AT車）。

海外で走行するケースでは、アメリカでの高速走行も日本とあまり変わらないが、登坂は直線で長いダラダラ坂が多いため、高速登坂が要求される。また、欧州とも共通しているのはトレーラけん引での登坂があり、アクセル全開登坂が厳しい。欧州では、アウトバーンに代表される速度制限

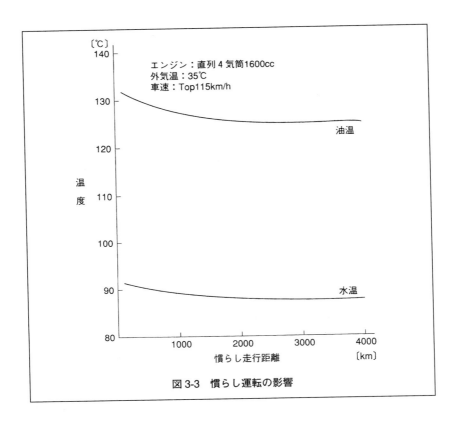

図 3-3　慣らし運転の影響

なしの道路を最高速で走行する機会も多い。これらの条件でもエンジンを
適温に保つ冷却性能が要求される。

3.3　熱発生源に影響する要素まとめ

1. 車両が走行する場合、走行抵抗は車速の2乗に比例するので、車速が
　速くなるほど、走行抵抗は急激に大きくなるとともにエンジン駆動力も
　大きくなり、油水温も急激に高くなる。登坂走行では走行抵抗の中に登
　坂勾配が入り、勾配がきつくなるほど油水温は高くなる。

2．AT車はMT車に比べ、平坦路走行では油水温は高くなるが、ロック
　アップクラッチ付きATはMTと変わらない。無段変速機（CVT）は、
　負荷の小さい場合には、MTより油水温は低いが（エンジン回転数が低
　いため）、負荷の大きい最高速付近ではATより高くなる。ただし、登
　坂ではAT（ロックアップクラッチ付き）もCVTもMTより冷却性能が
　厳しくなる。

3．最終減速比が変わると、同一負荷でもエンジン回転数が変わるため、
　その影響は無視できない。最終減速比を変える時は、十分な検討が必要
　である。

4．気象条件はテスト条件を決める際に必要なもので、現状では世界各地
　の気象条件をもとに、国内、熱地、極熱地、寒冷地等のテスト条件が決
　められる。また、地域によって、走行車速、登坂走行、トレーラけん引
　等もテスト条件には必要である。

5．慣らし運転は3000km走行すれば油水温が安定するので、逆に慣らし
　運転による影響を受ける3000km以内でテストしておけば（それ以降は
　安定するので）安全である。

第4章
オーバヒートとその対策の変遷

4.1　オーバヒートとは

　自動車用の動力源（エンジン等）の温度を適温に保つために、その車両の動力源が発生する熱量を、諸条件下でコントロールするのが冷却装置である。冷却装置は、あらかじめその車両の動力源がどの程度の熱量を発生するかを、実験的あるいは経験的な見地から勘案して、冷却系部品の性能を総合的に決めていく。

　それらを組合せた冷却装置を装備した車両を、多種多様な条件で実験し、適温が保てることを確認して市場へ提供される。

　しかし予想もしない環境（使われ方を含む）で使用されたとき、適温が保てなくなり冷却液が沸騰し、外部に噴出する現象をオーバヒートと言う。このように冷却液が減少すると動力源に思わぬ故障が発生することがある。

　以下は、筆者の実務経験も踏まえながら、その対策の変遷を述べる。

4.2　1960年代のオーバヒート

　この時代の初期には、まだエアコンディショナは車両に搭載されることは稀で、冷却ファンは鋼板製の4枚ファンをエンジンのクランクプーリからファンプーリへVベルトで駆動していたが、特にオーバヒートの現象は

なかった。しかし、1960年代後半にエアコンディショナが普及しはじめ、4枚ファンでは風量不足でオーバヒートが発生しはじめた。この対策として鋼板製の6枚羽根ファンが装備され、ある程度の効果を上げたが、鋼板製は破損の危険性があるため樹脂製ファンに変わった。しかし、エンジン高回転時のファンの騒音が問題になり、粘性カップリングが使用されるようになった。ファン回転数を2500rpm前後に抑えられるようになり、オーバヒート対策としては一応の効果を上げることができた。

4.3　不凍液によるオーバヒート

　冬期に外気温が下がると水は凍る。そのためエンジン冷却水にはエチレングリコール系の不凍液が使用されている。かつての不凍液は現在のものとちがって水よりも熱伝導率が小さく、高外気温下ではオーバヒートしやすく、また耐腐食性も悪い。そこで寒くなる時期に水に不凍液を入れるのであるが、入れる量が少なかったり、入れる時期を間違えたりすると冷却水が凍結し、そのまま走行すると冷却水が循環せずオーバヒートすることがしばしばあった。ひどいときには、エンジンの鋳物穴の栓が飛び出すこともあった。筆者も入れる時期が遅れ、凍結しているのに気づかず走行し、オーバヒートのためにラジエータホースを破損させた経験がある（不凍液の濃度は普通で30%、寒冷地で50%であった）。その後不凍液も進歩し、ロングライフクーラントになったことで冷却液を変えなくてよくなり、このようなオーバヒートはなくなった。

4.4　通気率低下によるオーバヒート

　これまでのオーバヒートは低速時（渋滞走行等）や急勾配の登坂時に発生することが多かった。しかし1963年に日本で初めての高速道路、名神高速道路の栗東IC－尼崎IC間が完成し、高速走行時代の幕開けとなった。それを記念してパレードが行われることになったが、その前に各自動車メーカーに数日ずつ開放され、高速道路の問題点等の確認と各メーカー独

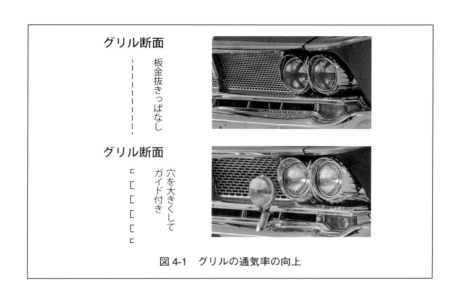

グリル断面

板金抜きっぱなし

グリル断面

穴を大きくして
ガイド付き

図 4-1　グリルの通気率の向上

自のテストが行われた。

　そのテスト走行で、一車種が100km/h以上での走行時に冷却水温がオーバヒート寸前まで高くなることが確認された。当日、パレード走行車は上り車線、伴走車は下り車線を走行した。伴走しながら水温計が気になり、気が気ではなかったが、パレードの車速が100km/h以下だったのでオーバヒートには至らずほっとしたことが思い出される。

　原因はその車両の顔というべき、フロントグリルの開口面積が少なく、オーバヒートの目安となる通気率が10%以下だったことに起因したものであった。対策として、グリル穴の面積を大きくすることとした（**図4-1**）。

　これ以降、新車開発段階では、グリル形状について、通気率も考慮した形状にして、高速走行時のオーバヒートはなくなった。他の原因で高速時の水温上昇が問題になったが、これに関しては冷却ファンシュラウドの項を参照願いたい。

4.5　レース用エンジンのオーバヒート

　レースで活躍したスカイラインGT-Rも、一時期オーバヒートで苦労した。富士スピードウェイで練習中、一周してピットインするとドライバーから「水温計がレッドゾーンに入り不安になる」と言う。冷却水の量を見るとラジエータのアッパタンクが空で、これで走行を続ければエンジンは焼き付いてしまう重大なトラブルであった。

　対策のため、冷却系部品の性能確認を行ったが、すべて正常で行き詰った。その時ある先輩から、これほど冷却水が減少するのは燃焼圧が漏れて冷却水の圧力が異常に高くなっているのではないか、とアドバイスをもらった。シリンダライナを外し、気密を保つため2本のOリングが付けられている部分を見ると、このOリングの一部が破損しているのが見つかり、このOリングの材質変更等を行うことで対策し、本番のレースで活躍できた。問題発生から数日、徹夜を含む調査であったが、対策ができた喜びを感じた。

4.6　その他のオーバヒート

　乗用車ではなく商用車のキャブオーバトラックで、エンジンは座席の下にあるタイプでは、フロントグリルから距離があったため、冷却は不利な状

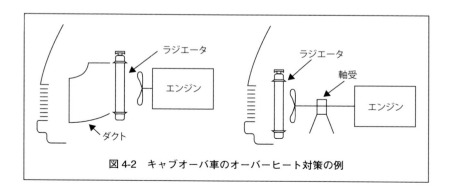

図4-2　キャブオーバ車のオーバーヒート対策の例

態だった。これが登坂時に低速高負荷となるためオーバヒートが多かった。

その対策として、走行風を入りやすくする前方ダクトや、ラジエータと冷却ファンをグリルのすぐ後方に置き、ファンを長いシャフトに駆動させる方法を採り入れた（**図4-2**）。

4.7　オーバヒートを未然に防ぐための手法

4.7.1　天皇御料車の冷却について

宮内庁から正式に発注された御料車に要求された性能の中に、低速走行（一応5km/hとした）で1時間、高速走行（一応110～130km/hとした）で支障のないこと（オーバヒートしないことと解釈した）であった。

これまで6.4リットルの大きなエンジンを搭載したエンジンの経験がなかったので、外国車の大型車を参考に冷却仕様を作成した。まず、ラジエータは特注で驚くほど大きく、重量も20kgを超えていた。このラジエータの性能を十分利用できるようにするため、冷却ファンは直径460mmの樹脂製を採用した（**図4-3**）。

これで低速時の冷却能力は確保できたが、エンジン高回転時のファン騒音低減のため、温度感知式フルードカップリングを採用した。このカップリングは比較的薄く、大容量ファンの回転数の制御可能なシュヴィッツア型を、臼井国際産業に特注した。これを装着しテストを繰り返したが問題はなく、宮内庁納入後も特に冷却上問題となることはなかった。

この御料車のテストでは銀座、新宿等の渋滞している道路で行ったが、これほど気を使ったテストは他にはなかった。

4.7.2　プロトタイプレーシングマシン

ニッサンR382のようなレーシングマシンの冷却系は、設計段階で他社（外国製も含む）仕様を調べ試作するが、もちろん実際に走行した場合に、油水温に問題ないかテストする。特殊な車両のため、我々が運転して

ラジエータがエンジンに比べて大きいことが分かる。

図 4-3　天皇御料車のエンジン

実際に温度測定をするのは不可能で、1960年代後半には遠隔操作で測温する技術もなかった。

　そこで、フロント冷却風取り入れ口に手製のプロペラを作り、それを小型モータに取り付け最高速時のプロペラの回転数を読み取ってもらい、その回転数から風速を読み取った。さらにその風速からラジエータの単体性

能表から放熱量を読み取り、その値から冷却上問題ないかの判断をした。当時の測定技術では稚拙なものであったが、工夫次第では役に立つことを実感した。

4.7.3 冷却風の出口風の流れを変える

　冷却性能に直接関係ないが、レーシングマシンで冷却風の出口風の流れを変える、めずらしい経験をした。ラジエータを通過した熱風はフードの排出口から排出される。その熱風がドライバーに当たって運転に支障が出るという苦情が寄せられた。

　そこで出口の風をドライバーに当たらないようにするため、風の向きを変えるようにガイドを何種類か作って風洞テストを行い、そのうち写真のような形状が採用され、ドライバーから感謝された。これを解決する時間は2日間であった（**図4-4**）。

ガイド

図4-4　冷却風の出口風の流れの変更例

参考文献

1）安部静生ほか：エンジンルーム内風流れのシミュレーション、自動車技術会学術講演会前刷集952、1995-5

2）粟野誠一：内燃機関工学、山海堂、1958

3）尾形俊捕：改訂ファン・ブロワ、省エネルギーセンター、2003

4）岡本敏治：サーモスタット、内燃機関、山海堂

5）梶原滋美：ポンプとその使用法、丸善、1957

6）片桐晴郎ほか：エンジン冷却ファンの特性評価と諸元の影響、自動車技術論文集 No.28、1982

7）木村清治ほか：電子制御油圧駆動クーリングファンの開発、自動車技術会学術講演会前刷集901、1990-5

8）日本自動車部品工業会　熱交換器系技術委員会ラジエータ小委員会：自動車ラジエータ（第2次改訂版）、2005

9）中井明朗児ほか：自動車用ガソリンエンジンの基礎と実際(4)、内燃機関、山海堂、1985

10）中井明朗児ほか：自動車用ガソリンエンジンの基礎と実際(5)、内燃機関、山海堂、1986

11）中島泰夫ほか：自動車用ガソリンエンジンの基礎と実際(1)、内燃機関、山海堂、1985

12）長山勲：自動車エンジン基本ハンドブック、山海堂、2006

13）星満：自動車の熱管理入門、山海堂、1979

14）増田哲三ほか：自動車に搭載されている水冷機関用冷却器の前面風速、内燃機関、山海堂、1966

15）増田哲三：車速風による乗用車の機関側冷却液の対流放熱量、日本大学理工学部学術講演会論文集、1981

16）増田哲三：断熱運転における水冷式機関シリンダ内壁温の実験的推定—混合比による影響—、日本大学理工学部学術講演会論文集、1982

17）JIS B8330：送風機試験法

18）JIS B8301：ポンプ試験法

19）当摩節夫：プリンス自動車、三樹書房、2014

20）新型MIRAIのFC開発、トヨタ自動車講演資料、2020

索　引

〈著者紹介〉

橋本武夫（はしもと　たけを）

1938年　東京都杉並区生まれ。

1957年　富士精密工業(株)入社。自動車エンジンの車両冷却実験に従事。

1966年　プリンス自動車工業(株)と日産自動車(株)の合併後も、日産自動車
　　　　(株)にて一貫して車両冷却・熱害実験に従事。

1987年　日本サーモスタット(株)に出向。技術開発部にて、サーモスタット、サー
　　　　モスイッチ等の実験に携わる(～1998年)。

自動車用エンジンの冷却技術

著　者	**橋本武夫**
発行者	**山田国光**
発行所	**株式会社グランプリ**出版
	〒101-0051　東京都千代田区神田神保町1-32
	電話 03-3295-0005㈹　FAX 03-3291-4418
	振替 00160-2-14691
印刷・製本	モリモト印刷株式会社